动物防疫技术与人畜共患病知识问答

张 磊 张灵君 张雪梅 编著

山东友谊出版社·济南

图书在版编目（CIP）数据

动物防疫技术与人畜共患病知识问答 / 张磊，张灵
君，张雪梅编著.—济南：山东友谊出版社，2023.12
ISBN 978-7-5516-2936-2

Ⅰ.①动… Ⅱ.①张…②张…③张… Ⅲ.①动物防
疫－问题解答②人畜共患病－防治－问题解答 Ⅳ.
① S851-44② R535-44

中国国家版本馆 CIP 数据核字 (2024) 第 015150 号

动物防疫技术与人畜共患病知识问答
**DONGWU FANGYI JISHU YU RENCHU GONG HUANBING
ZHISHI WENDA**

责任编辑：司德泉　陈冠宜
装帧设计：司德泉

主管单位：山东出版传媒股份有限公司
出版发行：山东友谊出版社
　　　　　地址：济南市英雄山路 189 号　邮政编码：250002
　　　　　电话：出版管理部（0531）82098756
　　　　　　　　发行综合部（0531）82705187
　　　　　网址：www.sdyouyi.com.cn
印　　　刷：济南申汇印务有限责任公司

开本：890 mm×1240 mm　1/32
印张：7.25　　　　　　　　字数：200 千字
版次：2023 年 12 月第 1 版　印次：2023 年 12 月第 1 次印刷
定价：39.00 元

《动物防疫技术与人畜共患病知识问答》
编者人员名单

主　编：张　磊　　张灵君　　张雪梅

副主编：盛其祥　　张学胜　　李　颖

编　者：杨东峰　　任丽萍　　王新波　　赵攀峰

　　　　王庆山　　牛　洁　　高俊荣　　张燕平

　　　　斯张国　　高　宏　　张熙艳　　姜　萍

　　　　吕平彬　　唐　卫　　高占元　　孙养贵

　　　　陈　勇　　阴法珠　　王　睿　　于德燕

目　录

第三部分　相关检疫规程

第一部分
动物防疫技术

一、概述

动物防疫是指动物疫病的预防、控制、诊疗、净化、消灭和动物、动物产品的检疫，以及病死动物、病害动物产品的无害化处理。

动物防疫要综合运用多种手段，包括预防、控制、净化、消灭动物疫病等，以保障动物健康及其产品的安全。

1. 动物疫病的特点有哪些?

动物疫病是指动物传染病，包括寄生虫病。主要特点有：(1)由病原体作用于机体引起。(2)具有传染性和流行性。(3)被感染的动物机体发生特异性免疫反应。(4)耐过动物能获得特异性免疫。(5)具有特征性的症状和病变。

2. 动物疫病分为几个发展阶段?

(1)潜伏期：从病原体侵入机体并进行繁殖开始，到动物出现最初症状为止的一段时间。

(2)前驱期：从动物出现最初症状到出现特征性症状的一段时间。这段时间一般较短，仅表现疾病的一般症状，如食欲下降、发热等，此时进行诊断是非常困难的。

(3)明显期：疫病特征性症状的表现时期，是疫病诊断最容易的时期。

（4）转归期：动物由明显期进一步发展到死亡或恢复健康的一段时间。

3. 动物疫病（传染病）流行必须具备的基本条件是什么?

动物疫病（传染病）流行必须具备传染源、传播途径和易感动物。

（1）传染源是指体内有病原体生存、繁殖，并能将病原体排出的人或动物。

（2）传播途径是指病原体离开传染源后到达另一个易感宿主的途径。

（3）易感动物是指动物对某种传染病缺乏免疫，容易被传染。

4. 传染源分为几类?

传染源一般包括患病动物和病原携带者。

（1）患病动物是最重要的传染源，动物在前驱期和明显期能排出大量毒力强的病原体，传染的可能性就大。

（2）病原携带者分为潜伏期病原携带者、恢复期病原携带者和健康病原携带者。潜伏期病原携带者是指从病原体侵入机体并进行繁殖起，到出现最初症状为止的这段时间已能排出病原体的动物。恢复期病原携带者是指临床症状消失后仍能排出病原体的动物。健康病原携带者指过去未患过某种传染病，却能排出病原体的动物。

5. 疫病传播途径有哪些?

（1）水平传播：指疫病在群体之间或个体之间以水平形式横向平行传播，包括直接接触传播和间接接触传播。直接接触传播包括交配、舔、咬等；间接接触传播是指在外界因素的参与下，病原体通过传播媒介使易感动物发生传染的方式。

（2）垂直传播：指疫病从母体到子代两代之间的传播，包括经胎盘传播、经卵传播和经产道传播。

6. 间接接触传播的方式有哪些？

（1）经污染的饲料和饮水传播：这是主要的一种间接接触传播方式。传染源的分泌物、排泄物等污染了饲料、饮水而传给易感动物，如以消化道为主要侵入门户的疫病（猪瘟、口蹄疫、结核病、炭疽、犬细小病毒病、球虫病等）。

（2）经污染的空气（飞沫、尘埃）传播：空气中的飞沫和尘埃是病原体的主要依附物。几乎所有的呼吸道传染病都主要通过飞沫进行传播，如禽流感、结核病、猪气喘病等。

（3）经污染的土壤传播：炭疽、破伤风、猪丹毒等的病原体对外界抵抗力强，随传染源的分泌物、排泄物和尸体一起落入土壤而能生存很久，在条件合适时可以感染其他易感动物。

（4）经活的媒介物传播：一是经节肢动物传播，主要有蚊、蝇、蠓、虻和蜱等，通过在患病动物和健康动物之间的刺螫吸血而传播病原体，可以传播马传染性贫血、乙型脑炎、炭疽、鸡住白细胞原虫病、梨形虫病等疫病。二是经野生动物传播，一类是动物本身对病原体具有易感性，在感染后再传给其他易感动物，如鸟传播禽流感，狼、狐传播狂犬病等；另一类是动物本身对病原体并不具有感受性，但能机械性传播病原微生物，如鼠类传播猪瘟和口蹄疫等。

（5）经体温计、注射针头等用具传播：体温计、注射针头、手术器械等，用后消毒不严，可能成为马传染性贫血、炭疽、猪瘟、猪附红细胞体病、口蹄疫和鸡新城疫等的传播媒介。

7. 垂直传播的方式有哪些？

（1）经胎盘传播：受感染的动物能通过胎盘将病原体传给胎儿，如猪瘟、伪狂犬病、猪繁殖与呼吸综合征、猪圆环病毒病、布鲁氏菌病等。

（2）经卵传播：由携带病原体的卵细胞发育而使胚胎受感染。主要见于禽类，如禽白血病、产蛋下降综合征、鸡传染性贫血病、禽脑脊髓炎、鸡白痢等。

（3）经产道传播：病原体经怀孕动物阴道通过子宫颈口到达绒毛膜或胎盘引起胎儿感染，或胎儿出生时暴露于严重污染的产道，经皮肤、呼吸道、消化道感染母体的病原体。

8. 动物易感性高低取决于哪些因素？

（1）动物群体的内在因素：动物的遗传（种属特性、不同个体之间差异）、年龄。

（2）动物群体的外界因素：饲养管理因素，如温度、湿度、光线、有害气体、日粮成分、运动量、分群、断奶、转圈等。

（3）特异性免疫状态：获得方式包括被动免疫（注射血清和获取母源抗体）和主动免疫（自然感染耐过和注射疫苗）。

9. 什么是疫源地和自然疫源地？

（1）疫源地：具有传染源及其排出的病原体存在的地区称为疫源地。

（2）自然疫源地：存在自然疫源性疾病的地区，称为自然疫源地。

有些疫病的病原体在自然情况下即使没有人类或家畜的参与，也可以通过传播媒介感染动物造成流行，并长期在自然界循环延续，这些疫病称为自然疫源性疾病。

10. 动物疫病流行过程的表现形式有哪些？

（1）散发性：在一段较长的时间内，一个区域的动物群体中仅出现零星的病例。形成散发的原因：一是畜群对某疫病的免疫水平较高，仅极少数没有免疫或免疫水平不高的动物发病，如猪瘟；二是某疫病的隐性感染比例较大，如日本脑炎；三是有些疫病的传播条件非常苛刻，如破伤风。

（2）地方流行性：在一定的地区和动物群体中，发病动物较多，但常局限于一个较小的范围。它一方面表明本地区内某疫病的发生频率，另一方面也说明此类疫病带有局限性传播特征，如炭疽、猪丹毒。

（3）流行性：在一定时间内一定畜群发病率超过了正常水平，发病数量较多，波及的范围也较广。流行性疫病往往传播速度快，如果采取的防控措施不力，可很快波及很大的范围。

（4）大流行：传播范围广，发病率高，常波及整个国家或几个国家，如流感和口蹄疫都曾出现过大流行。

11. 什么是动物疫病流行的季节性和周期性？

（1）疫病流行的季节性：指某些动物疫病常发生于一定的季节，或在一定的季节出现发病率显著上升。

发生原因：季节对病原体的影响；季节对活的媒介物的影响；季节对动物抵抗力的影响。

（2）疫病流行的周期性：指某些动物疫病在一次流行以后，常常间隔一段时间（常以数年计）后再次发生流行。

发生原因：易感动物饲养周期长；免疫密度很低；动物耐过免疫保护时间较长。

12. 流行病学调查主要包括哪些内容？

流行病学是研究动物疫病在动物群中发生、发展和分布的规律，制定并评价防控措施，以达到预防和消灭疫病的目的的学科。流行病学调查主要包括以下三个方面：

（1）本次疫病流行情况：包括最初发病的时间、地点，疫情分布；疫区内各种动物的数量和分布情况；发病动物的种类、数量、性别、年龄等。

（2）疫情来源调查：包括过去是否发生过类似的疫病情况；附近地区是否发生过类似的疫病情况；输出地疫病存在情况。

（3）传播途径方式调查：包括动物流动、收购和防疫卫生情况；死亡动物尸体处理情况；节肢动物的分布活动情况；中间宿主的存在与分布情况。

13. 流行病学调查的方法有哪些?

（1）询问调查：这种调查是流行病学调查中最常用的方法。通过座谈，对动物的饲养者、运输者、兽医以及其他相关人员进行询问，查明传染源、传播方式及传播媒介等。

（2）现场调查：这种调查重点调查疫区的兽医卫生、地理地形、气候条件等，同时也调查疫区的动物存在状况、动物的饲养管理情况等。

（3）实验室检查：检查的内容常有病原检查、抗体检查、毒物检查、寄生虫及虫卵检查等。另外，也可检查动物的排泄物、呕吐物，食物、饮水等。

二、预防

动物疫病的预防主要是指采取免疫接种、驱虫、药浴、消毒和饲养场所的生物安全控制，以及实施动物疫病的区域化管理等一系列综合性措施，防止动物疫病的发生。本书主要回答免疫接种和消毒方面的相关问题。

（一）免疫接种

免疫接种指给动物接种抗原（菌苗或疫苗），激发机体产生特异性免疫力，是使易感动物转变为非易感动物的一种手段。

1. 什么是疫苗？

疫苗是指用各类病原微生物制作的用于预防接种的生物制品。它是将病原微生物及其代谢产物，经过人工减毒、灭活或利用基因工程等方法制成的用于预防传染病的自动免疫制剂。

2. 常用的疫苗种类有哪些？

（1）活疫苗：用通过人工诱变获得的弱毒株，或者是自然减弱的天然弱毒株，或者是异源弱毒株所制成的疫苗。

（2）灭活疫苗：选用免疫原性良好的细菌或病毒等病原微生物经人工培养后，用物理或化学方法将其杀死（灭活），使其传染因子被破坏而仍保留免疫原性所制成的疫苗。

（3）亚单位疫苗：利用微生物的某种表面结构成分（抗原）制成不含有核酸、能诱发机体产生抗体的疫苗。

（4）生物技术疫苗：利用生物技术制备的分子水平的疫苗，包括基因工程亚单位疫苗、合成肽疫苗、抗独特型疫苗、基因工程疫苗以及DNA疫苗等。

3. 根据免疫接种的时机和目的不同，免疫接种可分为哪几种类型？

（1）预防接种：在疫病发生前，使用疫苗、类毒素等生物制剂有计划地给健康动物进行的免疫接种。

（2）紧急免疫接种：在发生疫病时，为了迅速控制和扑灭疫情，对疫区和受威胁区内尚未发病的动物进行应急性免疫接种。目的是建立"免疫带"以包围疫区，阻止疫病向外传播扩散。

（3）临时免疫接种：为避免某些疫病发生而进行的免疫接种。

4. 弱毒疫苗的优缺点有哪些？

（1）弱毒疫苗的优点：一是接种途径多样化，可采取注射、饮水、滴鼻、点眼等免疫途径；二是可通过母畜禽免疫接种而使幼畜禽获得被动免疫；三是可引起局部和全身性免疫应答，免疫力持久，有利于清除野毒；四是生产成本低。

（2）弱毒疫苗的缺点：一是存在散毒问题；二是残余毒力（弱毒疫苗残余毒力较强者保护力也强，但副作用也较明显）；三是某些弱毒疫苗或疫苗佐剂可引发接种动物免疫抑制，如犬细小病毒疫苗可诱导犬的免疫抑制；四是有毒力返祖危险。

5. 灭活疫苗的优缺点有哪些?

（1）灭活疫苗的优点：一是比较安全，无全身毒副作用，无返祖现象；二是容易制成联苗、多价苗；三是制品稳定，受外界影响小，便于储存和运输；四是激发机体产生的抗体持续时间短，利于确定某种传染病是否被消灭。

（2）灭活疫苗的缺点：一是使用剂量大且只能注射免疫，工作量大；二是不产生局部免疫，引起细胞介导免疫的能力较弱；三是免疫力产生较迟，通常2—3周后才能获得良好免疫力，故不适于作紧急免疫使用；四是需要佐剂增强免疫效应。

6. 疫苗一般的保存和运输条件是什么?

（1）疫苗保存：一般应保存在低温、阴暗及干燥的场所。灭活疫苗一般保存在2—8℃的冷藏柜中，防止冻结；弱毒疫苗一般要在-15℃条件下贮藏，温度越低，保存时间越长。

（2）疫苗运输：选用冷藏车、保温箱等设备，保证在适宜温度下运输，特别要防止温度变化而引起疫苗反复冻融。在冬季运送灭活疫苗时，则应防止疫苗冻结。

7. 禽类免疫接种的方法有哪些?

（1）颈部皮下注射

适用范围：一般用于幼禽马立克病疫苗及新城疫、禽流感、传染性支气管炎等灭活苗的免疫接种。

接种方法：左手握住幼禽，在颈背部下1/3处，用大拇指和食指捏住颈中线的皮肤并向上提起，使其形成一皱褶；针头从头部方向刺入皮下0.5—1cm，方向稍斜向上，以免针头刺入颈椎导致幼禽出血死亡；推动注射器活塞，缓缓注入疫苗。

（2）肌内注射

适用范围：一般多用于新城疫、禽流感、传染性支气管炎、传染性法氏囊病、产蛋下降综合征等油剂灭活苗的免疫接种。

接种部位：胸肌、腿肌或翅膀基部，一般多用胸肌。

接种方法：胸肌注射时，针头与胸肌呈30°—40°角，在胸部中1/3处向背部方向刺入胸部肌肉。在腿部或翅膀基部肌肉注射时，以肌肉丰富无大血管处为佳。

注意事项：一是针头与胸肌的角度不要超过45°，以免刺入腹腔，伤及肝脏等脏器。二是注射过程中，要经常摇动疫苗瓶，使其混匀（注意：吸取疫苗的针管须淹没在疫苗中，确保每针疫苗足量）。三是使用连续注射器，每注射500只，要校对一次注射剂量，确保注射剂量准确，每小群禽或100羽左右更换一次针头，避免交叉感染。

（3）点眼、滴鼻

适用范围：多用于幼禽新城疫弱毒苗和传染性支气管炎弱毒苗的免疫接种。

接种方法：左手握住幼禽，食指和拇指固定住幼禽头部，使幼禽眼或一侧鼻孔向上；滴头与眼或鼻保持1cm左右距离，轻捏滴管，滴1—2滴疫苗于禽眼或鼻中，稍等片刻，待疫苗完全吸收后再放开。

（4）刺种

适用范围：用于鸡痘免疫接种。

接种部位：翅内翼膜无血管处。

接种方法：左手拉开鸡的一只翅膀，右手持刺种针插入疫苗瓶中，蘸取疫苗液，在翅膀内侧无血管处刺针；拔出刺种针，稍停片刻，待疫苗被吸收后，将鸡轻轻放开。

注意事项：一般刺种7—10天后，刺种部位会出现轻微红肿、结痂，14—21天痂块脱落。这是正常的疫苗反应，无此反应，则说明免疫失败，应重新补刺。

（5）饮水免疫

适用范围：多用于新城疫、传染性法氏囊病、传染性支气管炎弱毒苗的免疫接种。

接种方法：饮水免疫前，禽群停止供水1—2小时。在计算好疫苗和稀释液用量后，在稀释液中加入0.1%—0.3%的脱脂奶粉作保护剂，然后稀释疫苗。将配制好的疫苗加入饮水器中，给禽饮用。饮水量为平时日耗水量的40%，以保证疫苗能在2小时内饮完。饮水器应分布均匀，以保证禽群基本上能在同一时间饮上疫苗。

注意事项：免疫前应清洗饮水器具。水应清洁卫生、不含抗生素和消毒药。疫苗用量一般应为注射剂量的2—3倍。

（6）气雾免疫

适用范围：多用于新城疫、传染性支气管炎弱毒苗的免疫接种。

接种方法：使用前应充分清洗气雾机，用清水试喷，以掌握喷雾的速度、流量和雾滴大小。雾粒大小要适中，一般喷雾头大小为5—50ul。喷雾时，喷头斜向上空处喷雾，边走边喷，往返2—3遍，将疫苗喷完。喷完后将房舍密闭20分钟。

注意事项：一是气雾免疫应选择安全性高、效果好的疫苗。二是气雾免疫的当天不能带禽消毒。三是气雾免疫时，要求房舍湿度适当。湿度过低、灰尘较大的房舍，在喷雾免疫前后可用适量清水进行喷雾,降低舍内尘埃浓度,以防影响免疫效果。四是喷雾时不能朝禽体身上喷雾。五是进行气雾免疫时,房舍应密闭,关闭排气扇或通风系统,减少空气流动,喷雾完毕20分钟后开启门窗、打开排气扇或通风系统。六是免疫前后在饲料饮水中加入适当的抗菌药物,以防止诱发呼吸道疾病。

8. 家畜免疫接种的方法有哪些?

(1)肌内注射

适用范围:可用于猪瘟、口蹄疫、蓝耳病、兔瘟等疫苗的免疫接种。

注射部位:应选择肌肉丰满、血管少、远离神经干的部位。大家畜(马、牛、骆驼等)宜在臀部或颈部中侧上1/3处;猪宜在耳后2指左右,仔猪也可在股内侧;羊、犬、兔宜在颈部。

接种方法:对中、小家畜可左手固定注射部位皮肤,右手持注射器垂直刺入肌肉后,改用左手夹住注射器和针头尾部,右手回抽一下针芯,如无回血,即可慢慢注入疫苗。注射完毕,拔出注射针头。大家畜需进行保定后再进行接种。

注意事项:一是根据动物大小和肥瘦程度不同,掌握刺入不同深度,避免因刺入太浅(常见于大猪)将疫苗注入脂肪而不能吸收。二是注射剂量要准确,禁止打“飞针”,造成注射剂量不足和注射部位不准。三是每次注射均必须更换一个针头。

(2)皮内注射

适用范围:适用于绵羊痘活疫苗和山羊痘活疫苗等的免疫接种。

注射部位:宜在羊尾根部。

接种方法:用左手把羊的尾巴抬起,右手持注射器,针头倾斜,使针头几乎与皮面平行地轻轻刺入皮内约0.5cm,徐徐注入疫苗。如针头确已扎入皮内,则注射时感觉有较大的阻力,同时注射处形成一个圆丘，突起于皮肤表面。

9. 免疫副反应分为哪几类?

（1）一般反应：由于疫苗本身的特性而引起的反应。大多数疫苗接种后动物不会出现明显可见的反应，少数疫苗接种后，常常出现一过性的精神沉郁、食欲下降、注射部位的短时轻度炎症等局部性或全身性异常表现。如果这种反应的动物数量少、反应程度轻、维持时间短暂，则被认为是一般反应。

（2）严重反应：与一般反应在性质上相似，但反应程度重或出现反应的动物数量较多的现象。通常由疫苗质量低劣或毒（菌）株的毒力偏强、使用剂量过大、操作不正确、接种途径错误或使用对象不正确等因素引起。

（3）过敏反应：由于疫苗本身或其培养液中某些过敏原的存在，导致动物在疫苗接种后迅速出现过敏性反应的现象。过敏反应在以异源细胞制备的疫苗接种时经常出现，表现为黏膜发绀、缺氧、严重的呼吸困难、呕吐、腹泻、虚脱或惊厥等全身性反应和过敏性休克症状。

10. 如何尽可能地减少免疫副反应?

一是保持动物圈舍温度、湿度、光照适宜，通风良好。二是选用适宜的毒力或毒株的疫苗。三是注射部位准确，接种方法正确，接种剂量适当。四是免疫接种前对动物进行健康检查。凡精神、食欲、体温不正常，体质瘦弱，怀孕后期的，均应不予接种或暂缓接种。五是认真检查疫苗的质量、保存条件、保存期，必要时先做少许动物实验，然后再大群免疫。特别是初次使用新疫苗的地区或初次使用新厂家疫苗的地区。六是免疫接种前避免动物受到寒冷、转群、运输、脱水、突然换料、惊吓等应激反应。七是免疫前后给动物提供营养丰富、全面的饲料。八是出现大范围的不良反应，建议不进行接种或改用其他厂家的疫苗。

11. 发生免疫副反应的急救措施有哪些？

在接种前，准备盐酸肾上腺素、地塞米松磷酸钠、盐酸异丙嗪、5%葡萄糖注射液等药物，以便在出现严重不良反应时及时开展抗休克、抗过敏、抗炎症、抗感染、强心补液、镇静解痉等急救措施。

对局部处理常用的措施有消炎、止痒；对神经、肌肉、血管损伤等病例常采用理疗、药疗等措施；对合并感染的病例应用抗生素治疗等。

12. 免疫接种的注意事项有哪些？

（1）掌握疫情和接种时机。应了解当地疫病发生和流行情况，有针对性地做好疫苗和血清的准备工作，注意接种时机，应在疫病流行季节前1—2个月进行预防接种。

（2）合理的免疫程序。免疫程序受多种因素，尤其是母源抗体及疫苗性质的影响，因此必须根据生产实际制定合理的免疫程序。

（3）提高接种密度。

（4）疫苗与流行的病原体型别一致。使用生物制品时，应注意病原有无型别的问题，如果有型的区别，则需要使用相同型的疫苗或多价苗。

（5）注意消毒灭菌。

（6）注意疫苗的外观和理化性状。

（7）稀释后的疫苗要及早用完。环境温度为15℃左右时，应在当天用完；环境温度为15—25℃时，应在6小时内用完；环境温度为25℃以上时，应在4小时内用完，过期废弃；有些疫苗稀释后要在1小时内用完。

（8）注意被免疫动物的体质及疫病情况。年幼、体弱、有慢性病、怀孕的动物暂时不进行免疫。

（9）疫苗剂量与免疫次数。疫苗的剂量应按规定使用，不得任意增减。灭活苗最好接种2次，以获得理想的免疫效果。

（二）消毒

消毒是指用物理、化学、生物学的方法清除或杀灭体外环境中的病原微生物，达到无害化程度的过程。

1. 消毒的种类有哪些?

（1）预防性消毒：为预防疫病的发生进行的定期或不定期的消毒。

（2）随时消毒：疫病发生时，为了及时清除、杀灭患病动物排出的病原体而采取的消毒措施。

（3）终末消毒：疫病控制、平息之后，解除疫区封锁前进行的全面、彻底的消毒。

2. 常用的消毒方法有哪些?

（1）物理性消毒

用物理方法杀灭或清除病原微生物和其他有害生物。包括机械清除法（清扫、洗刷、通风和过滤等）、湿热消毒法（高压蒸汽灭菌、煮沸消毒、蒸汽消毒和巴氏消毒）、干热消毒法（焚烧、热空气灭菌和火焰灼烧）、紫外线消毒法（用波长250—270nm的紫外线照射消毒，因尘埃会吸收大部分紫外线，消毒时动物舍内和物体表面必须干净）。

（2）生物性消毒

利用生物热杀灭病原体的消毒方法（温度达到70℃以上，可杀死病毒、细菌、寄生虫卵等病原体，但不能消灭芽孢），主要用于粪便、尸体的处理。

（3）化学性消毒

用化学消毒剂消灭病原体（表1、表2）。

表1 常见化学消毒剂的分类及作用机理

消毒剂种类	作用机理	常见消毒剂
酸类	抑制细胞膜的通透性，影响代谢	硼酸、盐酸、硫酸
碱类	水解菌体蛋白和核蛋白，使细胞膜和酶受损	氢氧化钠、石灰乳
醇类	使菌体蛋白凝固脱水	乙醇
酚类	使菌体蛋白凝固、变性	来苏尔、复合酚
氧化剂类	破坏菌体蛋白和酶蛋白	过氧乙酸、高锰酸钾、过氧化氢
卤素类	进入细胞，卤化和氧化蛋白质	漂白粉、二氯异氰尿酸钠、二氧化氯、84消毒液、碘制剂
表面活性剂类	吸附于细胞表面，溶解脂质，改变细胞膜的通透性	新洁尔灭、洗必泰、癸甲溴铵、环氧乙烷、甲醛溶液
挥发性烷化剂类	能与菌体蛋白和核酸的氨基、羟基、巯基发生反应，使蛋白质变性，核酸功能改变	环氧乙烷、甲醛溶液

表2 常见化学消毒剂的应用

消毒剂	浓度	应用
硼酸	0.3%—0.5%	黏膜消毒
盐酸和硫酸	2%	有强大的杀菌、杀毒和杀灭芽孢的作用（具有强烈的刺激和腐蚀作用，应用受限，可用于排泄物的消毒）
氢氧化钠（苛性碱、火碱）	1%—2%	对病毒、细菌杀灭能力强，腐蚀性强，主要用于外部环境、畜禽舍地面的消毒；杀灭炭疽芽孢需要10%的氢氧化钠

（续表）

消毒剂	浓度	应用
石灰乳	10%—20%（现配现用）	对病毒、细菌杀灭能力强，不能杀灭芽孢（腐蚀性强，主要用于外部环境、畜禽舍地面的消毒）
乙醇	75%	皮肤消毒
来苏尔（煤酚皂液、甲酚皂液）	2%—5%	用于皮肤消毒（2%—3%）；用于环境、排泄物、用品消毒（3%—5%）
过氧乙酸	0.2%—0.5%	可杀灭细菌、病毒、芽孢和真菌〔用品浸泡消毒（0.2%）；畜舍带畜消毒（0.2%—0.3%）；环境消毒（0.5%）〕
高锰酸钾	0.01%—3%	皮肤、黏膜消毒（0.01%）；用品消毒（0.1%）；杀灭芽孢（2%—3%）
过氧化氢	1%—3%	对厌氧菌感染有效，用于伤口消毒
漂白粉	5%	可杀灭细菌、病毒、芽孢和真菌〔环境、排泄物、用品的消毒（5%）；杀灭芽孢（10%—20%）〕
二氯异氰尿酸钠（优氯净、消毒灵）	0.0004%—10%	可杀灭细菌、病毒、芽孢和真菌〔饮水消毒（0.0004%）；用品、圈舍消毒（0.5%—1%）；环境、排泄物消毒（3%—5%）；杀灭芽孢（5%—10%）〕
新洁尔灭（苯扎溴铵）	0.1%	用品、皮肤消毒（不能与肥皂、合成类洗涤剂等阴离子表面活性剂合用）
环氧乙烷	0.4kg—0.8kg/m³	用于皮毛、皮革的熏蒸消毒（维持12—48小时，环境相对湿度在30%以上）
甲醛溶液（福尔马林）	2%—4%	喷洒地面、墙壁消毒

3. 消毒方法及消毒剂选用原则是什么?

（1）应使用符合《中华人民共和国药典》《中华人民共和国兽药典》要求，并经中华人民共和国国家卫生健康委员会（以下简称国家卫健委）或者中华人民共和国农业农村部（以下简称农业农村部）批准生产，具有生产文号和生产厂家的消毒剂。严格按照产品说明书在规定范围内使用。

（2）应选择广谱、高效、杀菌作用强、刺激性低、对设备不会造成损坏、对人和动物安全、低残留毒性、低体内有害蓄积的消毒剂。

（3）稀释药物用水应符合消毒剂特性要求，应使用放置数小时的自来水或白开水，避免使用硬水；应根据气候变化，按产品说明书要求调整水温至适宜温度。

（4）稀释好的消毒剂不宜久存，大部分消毒剂应即配即用。需活化的消毒剂，应严格按照消毒剂使用说明进行活化和使用。

（5）用强酸、强碱及强氧化剂类消毒剂消毒过的畜禽舍，应用清水冲刷后再进畜禽，防止灼伤畜禽。

4. 如何做好养殖场通道口的消毒?

（1）车辆消毒：场区及生产区入口必须设置车辆消毒池，池长要大于需进入的车辆轮胎周长的1.5倍，池宽与门同宽，池深要在0.3m以上。池内放入2%—4%氢氧化钠溶液，每周定时更换，冬天可向池内加8%—10%的氯化钠防止结冰。最好在场区及生产区入口处上方设置喷雾装置，对车辆表面进行消毒，消毒液可用0.1%的百毒杀或0.1%的新洁尔灭。

（2）人员消毒：场区及生产区入口设置消毒室，消毒室内安装紫外线灯，设置脚踏消毒池，池内放2%—4%氢氧化钠溶液。进入人员要更换鞋靴、工作服等，如有条件可安装淋浴设备，洗澡后再进入，效果更佳。

5. 如何做好场区环境消毒?

及时清除垃圾，定期使用高压水枪冲洗路面和其他硬化区域。每两周对场区进行1次环境消毒，可用0.2%—0.5%的过氧乙酸或2%—4%的氢氧化钠溶液。

6. 带畜禽圈舍怎样消毒?

选用对皮肤、黏膜无刺激性或刺激性较小的消毒剂用喷雾法消毒，可杀灭动物体表和畜禽舍内多种病原体。常用消毒剂有：0.015%的百毒杀、0.1%的新洁尔灭、0.2%—0.3%的次氯酸钠或0.2%—0.3%的过氧乙酸等。

此外，每天要清除圈舍内排泄物和其他污物，保持饲槽、水槽、用具清洁卫生。同时，圈舍每天最少清洗消毒1次，可用0.1%—0.2%的过氧乙酸或1%的优氯净。

7. 养殖场空圈舍怎样消毒?

（1）对用具或棚架等进行清洗：在空栏之后，应清除饲料槽和饮水器的残留饲料和饮水，清除垫料，然后将饮水器、饲料槽、产蛋箱、育雏器和一切可以移动的器具搬出舍外至指定地点集中，用消毒药水（来苏尔或氢氧化钠或氯制剂或过氧乙酸或高锰酸钾等）浸泡、冲洗、消毒。所有电器，如电灯、风扇等也可移出室外清洗、消毒。

（2）清扫灰尘、垫料和粪便：在移走室内用具后，可用适量清水喷湿天花板、墙壁，然后将天花板和墙壁上的灰尘、蜘蛛网除去，将灰尘、垃圾、垫料、粪便等一起运走并作无害化处理。

（3）清水冲洗：在清除灰尘、垫料和粪便后，可用高压水枪冲洗天花板、墙壁和地面，尤其要重视对角落、缝隙的冲洗。在有粪堆的地方，可用铁片将其刮除后再冲洗。冲洗的标准是，要使圈舍内每个位置都被清洗干净。

（4）喷洒消毒液：冲洗后已干燥的圈舍，可用氢氧化钠或过氧乙酸等消毒。

顺序是，棚顶棚壁（氯制剂）→地面（氢氧化钠）→禽舍门口（氢氧化钠）→外界环境（氢氧化钠）→场区大门口（氢氧化钠）。第一次消毒后，要用清水冲洗，干燥后再用药物消毒1次。

（5）熏蒸消毒：圈舍空置7—10天，然后安装棚架、饮水器、饲料槽、电器等，并放入新鲜垫料。封闭禽舍，用福尔马林熏蒸消毒。熏蒸消毒应在完全密闭的空间内进行，才能达到较好的消毒效果。

（6）通风：开启门窗，排除残留的刺激性气体，准备开始下一轮的饲养。

8. 运载工具怎样消毒?

运载工具（包括各种车、船、飞机等）在卸货后，应先将污物清除、洗刷干净，并对清除的污物在指定地点进行生物热消毒或焚毁处理。然后用2%—5%的漂白粉澄清液或2%—4%的氢氧化钠溶液或0.5%的过氧乙酸溶液等喷洒消毒，后用清水洗刷1次。对有密封舱的车辆包括集装箱，还可用福尔马林熏蒸消毒。

9. 消毒记录应填写哪些内容?

消毒记录应包括消毒日期、消毒场所、消毒剂名称、生产厂家、生产批号、规格、消毒方法、消毒人员签字等内容。消毒记录至少保存2年。

10. 消毒人员应如何做好防护?

（1）应对消毒人员进行必要的防护教育培训。消毒人员在消毒时，应按使用说明正确使用消毒剂。

（2）消毒人员在消毒时，应佩戴必要的防护用具，如乳胶手套、面罩、口罩、防尘镜等。

（3）在喷雾消毒时，消毒人员应倒退逆风前进，顺风喷雾。

（4）如果消毒液不慎溅入眼内或皮肤上，应用大量清水冲洗，直至不适症状消失，严重者应迅速就医。

三、控制

动物疫病的控制主要是指对发生的动物疫病采取针对性措施，防止其扩散蔓延，做到有疫不流行，特别是在发生重大动物疫情时，应迅速采取综合性措施予以有效控制。

1. 动物疫病分为哪三类?

动物疫病可分为一类疫病、二类疫病、三类疫病三类。

（1）一类疫病是指口蹄疫、非洲猪瘟、高致病性禽流感等对人、动物构成特别严重危害，可能造成重大经济损失和社会影响，需要采取紧急、严厉的强制预防、控制等措施的疫病。

（2）二类疫病是指狂犬病、布鲁氏菌病等对人、动物构成严重危害，可能造成较大经济损失和社会影响，需要采取严格预防、控制等措施的疫病。

（3）三类疫病是指大肠杆菌病、鳖腮腺炎病等常见多发，对人、动物构成危害，可能造成一定程度的经济损失和社会影响，需要及时预防、控制的疫病。

2. 三类动物疫病都有哪些?

一类动物疫病（11种），包括口蹄疫、猪水疱病、非洲猪瘟、尼帕病毒性脑炎、非洲马瘟、牛海绵状脑病、牛瘟、牛传染性胸膜肺炎、痒病、小反刍兽疫、高致病性禽流感。

二类动物疫病（37种），包括（1）多种动物共患病：狂犬病、布鲁氏菌病、炭疽、蓝舌病、日本脑炎、棘球蚴病、日本血吸虫病；（2）牛病：牛结节性皮肤病、牛传染性鼻气管炎（传染性脓疱外阴阴道炎）、牛结核病；（3）绵羊和山羊病：绵羊痘和山羊痘、山羊传染性胸膜肺炎；（4）马病：马传染性贫血、马鼻疽；（5）猪病：猪瘟、猪繁殖与呼吸综合征、猪流行性腹泻；（6）禽病：新城疫、鸭瘟、小鹅瘟；（7）兔病：兔出血症；（8）蜜蜂病：美洲蜜蜂幼虫腐臭病、欧洲蜜蜂幼虫腐臭病；（9）鱼类病：鲤春病毒血症、草鱼出血病、传染性脾肾坏死病、锦鲤疱疹病毒病、刺激隐核虫病、淡水鱼细菌性败血症、病毒性神经坏死病、传染性造血器官坏死病、流行性溃疡综合征、鲫造血器官坏死病、鲤浮肿病；（10）甲壳类病：白斑综合征、十足目虹彩病毒病、虾肝肠胞虫病。

三类动物疫病（126种），包括（1）多种动物共患病：伪狂犬病、轮状病毒感染、产气荚膜梭菌病、大肠杆菌病、巴氏杆菌病、沙门氏菌病、李氏杆菌病、链球菌病、溶血性曼氏杆菌病、副结核病、类鼻疽、支原体病、衣原体病、附红细胞体病、Q热、钩端螺旋体病、东毕吸虫病、华支睾吸虫病、囊尾蚴病、片形吸虫病、旋毛虫病、血矛线虫病、弓形虫病、伊氏锥虫病、隐孢子虫病；（2）牛病：牛病毒性腹泻、牛恶性卡他热、地方流行性牛白血病、牛流行热、牛冠状病毒感染、牛赤羽病、牛生殖道弯曲杆菌病、毛滴虫病、牛梨形虫病、牛无浆体病；（3）绵羊和山羊病：山羊关节炎/脑炎、梅迪—维斯纳病、绵羊肺腺瘤病、羊传染性脓疱皮炎、干酪性淋巴结炎、羊梨形虫病、羊无浆体病；（4）马病：马流行性淋巴管炎、马流感、马腺疫、马鼻肺炎、马病毒性动脉炎、马传染性子宫炎、马媾疫、马梨形虫病；（5）猪病：猪细小病毒感染、猪丹毒、猪传染性胸膜肺炎、猪波氏菌病、猪圆环病毒病、格拉瑟病、猪传染性胃肠炎、猪流感、猪丁型冠状病毒感染、猪塞内卡病毒感染、仔猪红痢、猪痢疾、猪增生性肠病；（6）禽病：禽传染性喉气管炎、禽传染性支气管炎、禽白血病、传染性法氏囊病、马立克病、禽痘、鸭病毒性肝炎、鸭浆膜炎、鸡球虫病、低致病性禽流感、禽网状内皮组织增殖病、鸡病毒性关节炎、禽传染性脑脊髓炎、鸡传染性鼻炎、禽坦布苏病毒感染、禽腺病毒感染、鸡传染性贫血、禽偏肺病毒感染、鸡红螨病、鸡坏死性肠炎、鸭呼肠孤病毒感染；（7）兔病：兔波氏菌病、兔球虫病；（8）蚕、蜂病：蚕多角体病、蚕白僵病、蚕微粒子病、蜂螨病、瓦螨病、亮热厉螨病、蜜蜂孢子虫病、白垩病；（9）犬猫等动物病：水貂阿留申病、水貂病毒性肠炎、犬瘟热、犬细小病毒病、犬传染性肝炎、猫泛白细胞减少症、猫嵌杯病毒感染、猫传染性腹膜炎、犬巴贝斯虫病、利什曼原虫病；（10）鱼类病：真鲷虹彩病毒病、传染性胰脏坏死病、牙鲆弹状病毒病、鱼爱德华氏菌病、链球菌病、细菌性肾病、杀鲑气单胞菌病、小瓜虫病、黏孢子虫病、三代虫病、指环虫病；（11）甲壳类病：黄头病、桃拉综合征、传染性皮下和造血组织坏死病、急性肝胰腺坏死病、河蟹螺原体病；（12）贝类病：鲍疱疹病毒病、奥尔森派琴虫病、牡蛎疱疹病毒病；（13）两栖与爬行类病：两栖类蛙虹彩病毒病、鳖腮腺炎病、蛙脑膜炎败血症。

3. 发生一类动物疫病时如何应对？

发生一类动物疫病时，应当采取下列控制措施：（1）所在地县级以上地方人民政府的农业农村主管部门应当立即派人到现场，划定疫点、疫区、受威胁区，调查疫源，及时报请本级人民政府对疫区实行封锁。疫区范围涉及两个以上行政区域的，由有关行政区域共同的上一级人民政府对疫区实行封锁，或者由各有关行政区域的上一级人民政府共同对疫区实行封锁。必要时，上级人民政府可以责成下级人民政府对疫区实行封锁。（2）县级以上地方人民政府应当立即组织有关部门和单位采取封锁、隔离、扑杀、销毁、消毒、无害化处理、紧急免疫接种等强制性措施。（3）在封锁期间，禁止染疫、疑似染疫和易感染的动物、动物产品流出疫区，禁止非疫区的易感染动物进入疫区，并根据需要对出入疫区的人员、运输工具及有关物品采取消毒和其他限制性措施。

4. 发生二类动物疫病时如何应对？

发生二类动物疫病时，应当采取下列控制措施：（1）所在地县级以上地方人民政府的农业农村主管部门应当划定疫点、疫区、受威胁区。（2）县级以上地方人民政府根据需要组织有关部门和单位采取隔离、扑杀、销毁、消毒、无害化处理、紧急免疫接种、限制易感染的动物和动物产品及有关物品出入等措施。

5. 发生三类动物疫病时如何应对？

发生三类动物疫病时，所在地县级、乡级人民政府应当按照农业农村主管部门的规定组织防治。二、三类动物疫病呈暴发性流行时，按照一类动物疫病处理。

6. 单位、个人发现动物染疫或者疑似染疫的，应当向什么部门报告？相应部门接到报告后应立即采取哪些措施？

从事动物疫病监测、检测、检验检疫、研究、诊疗以及动物饲养、屠宰、经营、隔离、运输等活动的单位和个人，发现动物染疫或者疑似染疫的，应当立即向所在地农业农村主管部门或者动物疫病预防控制机构报告，并迅速采取隔离等控制措施，防止动物疫情扩散。其他单位、个人发现动物染疫或者疑似染疫的，应当及时向所在地农业农村主管部门或者动物疫病预防控制机构报告。

接到动物疫情报告的单位，应当及时采取临时隔离控制等必要措施，防止延误防控时机，并及时按照国家规定的程序上报。

7. 什么是重大动物疫情?

重大动物疫情是指一、二、三类动物疫病突然发生，并迅速传播，给养殖业生产安全造成严重威胁、危害，以及可能对公众身体健康与生命安全造成危害的情形。

8. 动物疫情和重大动物疫情分别由什么部门认定?

动物疫情由县级以上人民政府农业农村主管部门认定；其中重大动物疫情由省、自治区、直辖市人民政府的农业农村主管部门认定，必要时报国务院农业农村主管部门认定。

在重大动物疫情报告期间，必要时，所在地县级以上地方人民政府可以作出封锁决定并采取扑杀、销毁等措施。

9. 动物疫情如何公布?

国务院农业农村主管部门向社会及时公布全国动物疫情，也可以根据需要授权省、自治区、直辖市人民政府的农业农村主管部门公布本行政区域的动物疫情。其他单位和个人不得发布动物疫情。

四、诊疗

动物疫病的诊疗是指对动物传染病等疾病进行有效的预防和诊断治疗工作。在诊疗过程中，主要是应用先进的仪器设备明确具体病因，然后进行有效的预防和治疗。诊疗服务水平的提升有利于及时发现、控制动物疫病，提升养殖业生产的效益。

1. 动物诊疗活动主要包含哪些内容?

动物诊疗活动主要包括动物疾病的预防、诊断、治疗和动物绝育手术等经营性活动，具体为动物的健康检查、采样、剖检、配药、给药、针灸、手术、填写诊断书和出具动物诊疗有关证明文件等。

2. 动物诊疗机构包含哪些类型?

动物诊疗机构按照动物诊疗能力的不同，分为动物医院、动物诊所以及其他提供动物诊疗服务的机构。

3. 从事动物诊疗活动的机构，应当具备哪些条件?

从事动物诊疗活动的机构应当具备以下条件：（1）有与动物诊疗活动相适应并符合动物防疫条件的场所；（2）有与动物诊疗活动相适应的执业兽医；（3）有与动物诊疗活动相适应的兽医器械和设备；（4）有完善的管理制度。

4. 从事动物诊疗活动的机构及动物诊疗机构通过互联网开展诊疗活动时应当遵守哪些规定?

从事动物诊疗活动的机构及动物诊疗机构通过互联网开展诊疗服务的，应当有完善的动物诊疗管理制度，严格遵守《中华人民共和国动物防疫法》（以下简称《动物防疫法》）《动物诊疗机构管理办法》《兽用处方药和非处方药管理办法》等相关法律和规章，并依法取得动物诊疗许可证。诊疗活动须由在本机构备案的执业兽医师在核定的诊疗范围内提供服务。

5. 动物诊疗许可证应当载明哪些内容?

动物诊疗许可证应当载明：诊疗机构名称、诊疗活动范围、从业地点和法定代表人（负责人）等事项。

动物诊疗许可证载明事项变更的，应当申请变更或者换发动物诊疗许可证。

6. 什么是执业兽医?

执业兽医是指具有良好职业道德，按照有关动物防疫、动物诊疗和兽药管理等法律、行政法规和技术规范的要求，依法执业的兽医从业人员，包括执业兽医师和执业助理兽医师。执业兽医师可以从事动物疾病的预防、诊断、治疗和开具处方、填写诊断书、出具有关证明文件等活动。执业助理兽医师在执业兽医师指导下协助开展兽医执业活动，但不得开具处方、填写诊断书、出具有关证明文件。

五、净化

动物疫病的净化、消灭是指通过监测、检验检疫、隔离、扑杀等综合措施，在特定区域或场所（人为确定的固定场所：一个养殖场、一个自然区域、一个行政区、一个国家等）对某种或某些重点动物疫病实施的有计划的消灭过程，从而达到并维持该范围内个体不发病和无感染状态。

净化是以消灭特定动物疫病为目的，而消灭是动物防疫工作的终极目标。

1. 开展动物疫病净化的根本目标是什么？

开展动物疫病净化的根本目标是实现重点疫病从有效控制到净化消灭。

2. 如何实施动物疫病净化消灭？

国家对落实动物疫病净化消灭措施做出了三项重要规定：

（1）明确规定国务院农业农村主管部门制定并组织实施动物疫病净化消灭规划，省市县三级农业农村主管部门制定并组织实施本区域的动物疫病净化消灭计划，建立覆盖国家和省市县四级的动物疫病净化消灭工作机制。

（2）明确了动物疫病预防控制机构净化消灭工作职责，主要是依法开展技术指导培训、效果监测评估。

（3）明确提出国家鼓励支持动物疫病净化工作，达到净化标准的由省级以上人民政府农业农村主管部门公布。

3. 什么是无规定动物疫病区？

无规定动物疫病区是指具有天然屏障或者采取人工措施，在一定期限内没有发生规定的一种或者几种动物疫病，并经验收合格的区域。

4. 什么是无规定动物疫病生物安全隔离区？

无规定动物疫病生物安全隔离区是指处于同一生物安全管理体系下，在一定期限内没有发生规定的一种或者几种动物疫病的若干动物饲养场及其辅助生产场所构成的，并经验收合格的特定小型区域。

5. 无规定动物疫病区和无规定动物疫病生物安全隔离区是如何要求的？

国家支持地方建立无规定动物疫病区，鼓励动物饲养场建设无规定动物疫病生物安全隔离区。对符合国务院农业农村主管部门规定标准的无规定动物疫病区和无规定动物疫病生物安全隔离区，国务院农业农村主管部门验收合格，予以公布，并对维持情况进行监督检查。

省、自治区、直辖市人民政府制定并组织实施本行政区域的无规定动物疫病区建设方案。国务院农业农村主管部门指导跨省、自治区、直辖市无规定动物疫病区建设。

国务院农业农村主管部门根据行政划、养殖屠宰产业布局、风险评估情况等对动物疫病实施分区防控，可以采取禁止或者限制特定动物、动物产品跨区域调运等措施。

六、检测

这里的检测指兽医实验室检测。在标准兽医实验室，按照相关规定、标准或准则等对动物或者环境样本进行分析和检测，为动物疾病的诊断、治疗、监测和预防提供依据。常用的检测技术包括细菌培养和鉴定、血清学检测、分子生物学检测等。

1. 样品采集需要遵循的原则是什么?

（1）先排除后采样：牛、羊等急性死亡动物尸体，需先排除炭疽感染才可采样。

（2）适时采集：一般来说，夏季应在动物死亡后2小时内采集样品，冬季应在动物死亡后20小时内采集样品，要尽可能采集到新鲜的样品。另外，样品检测的项目不同，对采样时间也有不同的要求。需要分离病原体时，须在动物病初发热期或出现典型临床症状时采集；制备血清则需空腹采血。

（3）典型采样：对活体采样来说，一是选择典型动物，一般选择未经药物治疗、病状典型的动物，这对细菌性传染病的检查尤其重要。二是选择典型材料，采集病原体含量最高的材料。在对动物做出初步诊断后，侧重采集病原体常侵害的部位，如发热性疫病采集血液、咽喉分泌物、粪便；呼吸道疫病采集咽喉分泌物；消化道疫病采集粪便；水疱性疫病采集水疱皮和水疱液。

动物尸体采样，宜采集病变的组织、器官或病变最明显、最典型的部位；供病理组织切片的样品，应连带部分健康组织；淋巴结、心脏、肝脏、脾脏、肺、肾脏，不论有无病变，一般均应采集。

（4）合理采样：动物群体发病，则应至少采集5头（只）动物的病料。每一种样品应有足够的数量，除确保本次实验用量，还应以备必要的复检。对于畜产品，则需按规定采集足量样品。

（5）无菌采样：一般来说，样品采集全过程都应无菌操作，尤其是供微生物学检查和血清学检查的样品。采样部位、用具、盛放样品的容器均需灭菌处理。但有些样品，如皮肤上的水疱，采集部位用清水清洗即可，忌用消毒剂消毒。

（6）安全采样：在整个采样过程中，采样人员要注意安全，做好防护，防止感染，同时防止病原体扩散而造成环境污染。

2. 血液样品的采集与处理方法有哪些?

（1）采血部位：活体采血时，大动物一般采集前腔静脉、颈静脉、耳缘静脉和尾静脉的血，奶牛还可采集乳房静脉的血；家禽采集翅静脉或心脏的血；犬猫采集前肢前臂头静脉或后肢隐静脉的血。死亡动物从右心房采血。

（2）采血量：大、中动物一般采集10ml，小动物和家禽一般采集3—5ml。

（3）抗凝：全血抗凝，一般采用EDTA-K_2、枸橼酸钠和肝素进行抗凝。对于病毒血样来说，不宜使用枸橼酸钠抗凝，且每毫升血样还需要添加青霉素和链霉素各500—1000IU，以抑制血源性或在采血过程中污染的细菌。抗凝后的全血应置于4—6℃冷藏备用，不可冻结。

（4）血清制备：将采集好的未抗凝的血液注入试管，试管倾斜放置于室温下，静置1—4小时血清即可析出，用无菌剥离针剥离血凝块或者3500—4000rpm离心5—10分钟，即可得到血清。血清样本保存于密闭试管或离心管中，若在一周内能进行检测，则需2—8℃冷藏保存；若不能及时检测，则需存放于−20℃冰箱内冷冻保存，不得反复冻融。

3. 分泌物样品的采集与保存方法分别是什么?

采集口腔、鼻腔、喉气管、泄殖腔及阴道分泌物,用无菌的棉签蘸取;采集咽食道分泌物需采前禁食12小时,用食道探子刮取;采集乳汁需先清洗乳房并消毒,弃去最初挤出的几把乳汁,再采集乳汁;尿液的采集,在排尿时采集或用导尿管采取;水泡液、水肿液、关节囊液和胸腹腔渗出液,可直接用无菌注射器抽取,其中已破口的脓疱用棉球蘸取,未破口的用注射器吸取,过于浓稠不好抽取时,可切开脓疱用棉球蘸取。

上述材料采集后均需放入灭菌容器,密封,张贴标签,尽快冷藏送检。

4. 样品的包装和运送方法分别有哪些?

(1)包装:一种材料一个容器,不可将多种病料或多头家畜的病料混装在一起。一个容器装量不能过满,液体样品不能超过总容量的70%,装入样品的容器必须密封。所有装入样品的容器均需贴附标签,标明样品名称、动物种类、采集时间、采集地点、样品编号等内容。

(2)运送:包装好的样品,要及时送达实验室。冷藏处理的样品,需在24小时内冷藏送到实验室;冻结的样品,需在48小时内冷藏送到实验室,否则需要冷冻运输。

5. 什么是细菌分离培养?

在细菌学检验中,细菌的分离培养是重要的基本技术之一。

细菌分离是从混杂微生物中获得单一菌株进行纯培养的方法。细菌纯培养是指一株菌种或一个培养物中所有的细菌都是由一个细胞分裂、繁殖而产生的后代。

6. 细菌分离培养对细菌病诊断的意义有哪些?

一是可以根据培养基中有无细菌生长推断是否为细菌病;二是

可以根据菌落特征判断细菌的种类；三是可以为进行生化试验、血清学试验及动物试验获得纯培养；四是为药敏试验的准备试验；五是可以进行水中菌落总数和总大肠菌群数的测定。

7. 什么是细菌生化试验?

细菌生化试验是通过分析细菌的代谢产物鉴别细菌的试验。生化试验对革兰氏染色反应、菌体形态及菌落特征相同或相似的细菌的鉴别具有重要意义。

不同细菌所含的酶往往不一样，其分解糖类、脂类和蛋白质的能力不同，产生的代谢产物也不相同，根据对代谢产物的分析可对细菌进行鉴定。

（1）根据细菌是否分解糖类，以及产酸还是产气鉴定细菌：

产酸：培养基（含溴甲酚紫指示剂）由紫色变为黄色。

产气：培养基中出现气体。

不分解：不变色，也不产生气体。

（2）甲基红试验：有机酸的产生可由加入的甲基红指示剂变色进行检验。细菌分解葡萄糖产酸，能使加入甲基红指示剂的培养液由原来的橘黄色变为红色。

（3）V-P试验：某些细菌在葡萄糖蛋白胨水培养液中能分解葡萄糖产生丙酮酸，丙酮酸经脱羧变成中性的乙酰甲基甲醇，后者在碱性环境中，能被空气中的氧气氧化为二乙酰，二乙酰与蛋白胨中的胍基结合生成红色的化合物。

（4）吲哚试验：有些细菌含有色氨酸酶，能分解蛋白胨中的色氨酸生成吲哚。吲哚本身没有颜色，但当加入对二甲基氨基苯甲醛试剂后，该试剂与吲哚作用，形成红色的玫瑰吲哚。

（5）硫化氢试验：有些细菌能分解含硫氨基酸，产生硫化氢，硫化氢会使培养基中的醋酸铅或硫酸亚铁形成黑色的硫化铅或硫化亚铁。

（6）尿素酶试验（脲酶试验）：某些细菌能产生尿素酶，分解尿素（或尿酸）产生氨气，使培养基的碱性增加，使含酚红指示剂的培养基由粉红色转为紫红色。

（7）枸橼酸盐利用试验：某些细菌能利用枸橼酸盐作为唯一的碳源，在除枸橼酸盐外不含其他碳源的培养基上生长，分解枸橼酸盐生成碳酸盐，并分解其中的铵盐生成氨，使培养基由酸性变成碱性，从而使培养基中的指示剂溴麝香草酚蓝由草绿色变为深蓝色。

8. 什么是血清学试验？

因抗体主要存在于血清中，所以将体外发生的抗原、抗体结合反应称为血清学反应或血清学试验。血清学试验具有高度的特异性，广泛应用于微生物的鉴定，以及传染病和寄生虫病的诊断与监测。

血清学试验包括凝集试验、沉淀试验、中和试验、补体结合试验和免疫标记技术。

（1）什么是凝集试验？

细菌、红细胞等颗粒性抗原，或吸附在红细胞、乳胶等颗粒性载体表面的可溶性抗原，与相应抗体结合后，在有适量电解质存在下，经过一定时间，复合物互相凝聚形成肉眼可见的凝集团块，称为凝集试验。

（2）什么是直接凝集试验？

颗粒性抗原与相应抗体在电解质的参与下，直接结合，凝集成团的现象，称直接凝集试验。按操作方法可分为玻片法和试管法。

玻片法：在玻璃板或瓷片上进行，可用于定性试验，如细菌鉴定、血型鉴定等。其特点是简单、快速。

试管法：在试管中进行，可用于定量试验，如诊断布鲁氏菌病，测定抗体的凝集价。其特点是准确、耗时。

（3）什么是血凝现象和红细胞凝集抑制反应？

某些病毒能选择性凝集某些动物的红细胞，这种凝集红细胞的现象称为血凝（HA）现象。在病毒悬液中加入特异性抗体作用一定时间，再加入红细胞时，红细胞的凝集被抑制（不出现凝集现象），称红细胞凝集抑制（HI）反应。

HA和HI广泛应用在鸡新城疫、禽流感、鸡减蛋综合征等疫病的诊断检测中。

（4）什么是间接凝集试验？

将可溶性抗原或抗体与载体连接后，再与相应的抗体或抗原作用，所出现的特异性凝集反应为间接凝集试验。包括间接血凝试验、乳胶凝集试验和协同凝集试验。

（5）什么是间接血凝试验？

间接血凝试验是以红细胞为载体的间接凝集试验。将可溶性抗原致敏吸附于红细胞表面，用以检测未知抗体，在与相应抗体反应时出现肉眼可见现象，称为正向间接血凝试验。将已知抗体吸附于红细胞表面，用以检测样本中相应抗原，致敏红细胞在与相应抗原反应时发生凝集，称为反向间接血凝试验。

（6）什么是沉淀试验？沉淀试验有哪些类型？

可溶性抗原（如细菌的外毒素、内毒素、菌体裂解液，病毒的可溶性抗原、血清、组织漫出液等）与相应的抗体结合，在适量电解质存在下，经过一定时间，形成肉眼可见的白色沉淀，称为沉淀试验。

沉淀试验主要包括环状沉淀试验、琼脂凝胶扩散试验和免疫电泳三种类型。

（7）什么是中和试验？

中和试验是根据抗体能否中和病毒的感染性或毒素的毒性而建

立的免疫学试验。

（8）什么是补体？

补体是存在于正常动物血清中，具有类似酶活性的一组蛋白质，具有潜在的免疫活性，激活后能表现出一系列的免疫学活性，能协同其他免疫物质直接杀伤靶细胞和加强细胞免疫功能。

正常情况下，补体成分以无活性的酶原形式存在，只有在激活物（如抗原抗体复合物）的作用下，补体各成分才依次被活化。

（9）什么是补体结合试验？

补体结合试验是根据任何抗原抗体复合物可激活固定补体的特性，用一定量的补体与致敏红细胞来检测抗原、抗体间有无特异性结合的一类试验。

补体结合试验需要先加入反应系统和补体，给予优先结合的机会。如果反应系统中存在待测的抗体（或抗原），则抗原（或抗体）发生反应后可结合补体，再加入指示剂，由于反应中无游离的补体而不出现溶血，为补体结合试验阳性；如待测系统中不存在待检的抗体（或抗原），则在液体中仍有游离的补体存在，当加入指示剂时会出现溶血，为补体结合试验阴性。

（10）什么是免疫标记技术？

免疫标记技术是利用抗原、抗体反应的特异性和标记分子极易检测的高度敏感性相结合形成的试验技术。

（11）免疫标记技术有哪些？

免疫标记技术主要有荧光抗体标记技术、酶标抗体技术和同位素标记抗体技术。它们的敏感性和特异性大大超过常规血清学方法，现已广泛用于传染病的诊断、病原微生物的鉴定、分子生物学中基因表达产物分析等领域。

9. 影响血清学试验的因素有哪些?

（1）电解质：血清学反应须在适当浓度的电解质参与下，才出现可见反应。常用0.85%—0.9%（人、畜）或8%—10%（禽）的氯化钠或各种缓冲液作为抗原和抗体的稀释液或反应液。

（2）温度：在一定温度范围内，温度越高，抗原、抗体分子运动速度越快，越有利于抗原、抗体结合和反应现象的出现。

（3）酸碱度：血清学反应需要的pH值通常为6−8，过酸或过碱都可使复合物解离，pH值在等电点时，可引起非特异凝集。

（4）振荡：适当的机械振荡能增加分子或颗粒间的相互碰撞，加速抗原、抗体的结合反应，但强烈的振荡也可使抗原抗体复合物解离。

（5）杂质和异物：试验介质中如有与反应无关的杂质、异物存在，会抑制反应的进行或引起非特异性反应。

10. 什么是聚合酶链式反应?

聚合酶链式反应（PCR），是指通过合成一段寡核苷酸引物，在存在4种脱氧单核苷酸（dNTP）和Mg^{2+}的情况下，以DNA为模板，由DNA聚合酶催化的一种体外扩增技术。

11. 聚合酶链式反应的基本步骤有哪些?

聚合酶链式反应（PCR）的过程是重复循环的，其中每一循环包括3个基本步骤：变性、退火和延伸。随着循环的进行，原来的模板和新合成的目的片段均可以作为模板参与变性、退火和延伸等反应。理论上讲，假如扩增效率为100%，则每增加一轮反应，产物应是前一轮的两倍。

12. PCR反应体系的主要成分有哪些?

PCR反应体系的主要成分包括：扩增缓冲液、模板DNA、dNTP、Mg^{2+}、DNA聚合酶、引物。

13. PCR的优缺点有哪些?

（1）优点

①高特异性。PCR扩增严格遵守碱基互补配对原则，复制准确性高。正确地选用微生物基因中最保守的、最具特征性的基因区段作为目的基因，可以充分保障PCR检测的高度特异性。

②高敏感性。在PCR反应中模板DNA以指数级迅速增加，一般经过30个循环即1—2小时内可以将靶序列增加百万倍以上，可以将微量的目标物检测出来。

③简便快捷。*Taq* DNA聚合酶的使用使PCR技术可以自动化完成，各种高效荧光定量PCR仪相继问世，使PCR操作可以在基层单位的实验室中顺利完成。且对标本的纯度要求低，用血液、体腔液、洗漱液、毛发、细胞、活组织等组织的粗提DNA即可。

（2）缺点

①由于*Taq* DNA聚合酶缺乏3′端到5′端核酸外切酶活性，因而不能纠正反应中发生的错误的核苷酸掺入，复制的新的DNA链中有一定程度的错配碱基。

②PCR要求比较严格，容易出现实验污染或操作污染而出现假阳性结果。同时，如果扩增仪温度不准确，反应液处理不好，导致PCR抑制物进入反应体系又会出现假阴性结果。

七、检疫

动物、动物产品的检疫是指为了防止动物疫病传播，保护养殖业生产和人体健康，采用法定的检疫程序和方法，依照法定的检疫对象和检疫标准，对动物、动物产品进行疫病检查、定性。

检疫是预防、控制动物疫病的重要手段。依法加强动物、动物产品检疫是为了达到预防为主、以检促防和保证公共卫生安全的目的。

1. 动物检疫的特点有哪些?

（1）动物检疫是行政许可行为。动物检疫首先是一种行政许可行为，也即事前审批,《动物防疫法》第四十九条规定：屠宰、出售或者运输动物以及出售或者运输动物产品前，货主应当按照国务院农业农村主管部门的规定向所在地动物卫生监督机构申报检疫。第五十一条规定：屠宰、经营、运输的动物，以及用于科研、展示、演出和比赛等非食用性利用的动物，应当附有检疫证明；经营和运输的动物产品，应当附有检疫证明、检疫标志。

没有检疫证明的动物不得屠宰、经营、运输以及参加展览、演出和比赛；没有检疫证明、检疫标志的动物产品不得经营和运输。因此动物检疫属于行政许可的范畴。既然动物检疫属于行政许可行为，那么动物检疫的程序就要按照《中华人民共和国行政许可法》的规定执行。即首先要有当事人的申请，然后由动物卫生监督机构依法实施检疫许可，并签发许可证书（检疫证明），对不准予许可的，动物卫生监督机构应当书面通知申请人，并说明理由。对此《动物防疫法》也进行了明确的规定，例如，第四十九条规定：屠宰、出售或者运输动物以及出售或者运输动物产品前，货主应当按照国务院农业农村主管部门的规定向所在地动物卫生监督机构申报检疫。动物卫生监督机构接到检疫申报后，应当及时指派官方兽医对动物、动物产品实施检疫；检疫合格的，出具检疫证明、加施检疫标志。实施检疫的官方兽医应当在检疫证明、检疫标志上签字或者盖章，并对检疫结论负责。

（2）检疫实施主体是法定的。《动物防疫法》第四十八条规定：动物卫生监督机构依照本法和国务院农业农村主管部门的规定对动物、动物产品实施检疫。动物卫生监督机构的官方兽医具体实施动物、动物产品检疫。即实施主体是动物卫生监督机构，具体实施动物、动物产品检疫工作的是动物卫生监督机构的官方兽医。除动物卫生监督机构外，包括兽医主管部门在内的其他任何单位均不得实施动物、动物产品检疫。

（3）检疫范围和对象是法定的。虽然《动物防疫法》对动物和动物产品的界定范围较大，但并非对所有的动物、动物产品都要实施检疫，而是将检疫范围和检疫对象授权农业农村部来规定。农业农村部根据动物疫病的流行状况和发展趋势，适时制定、调整并公布检疫范围和对象。

2. 动物检疫的目的和作用是什么？

（1）促进养殖业发展：动物疫病是制约养殖业发展的重要因素，如果动物疫病得不到有效控制和消灭，那么养殖业就不可能得到发展。动物检疫对促进养殖业发展的目的和意义主要表现在：

①通过动物检疫可以及时发现动物疫病，及时采取措施，迅速扑灭疫源，防止疫病传播蔓延。

②通过检疫，对病畜进行扑杀、对染疫动物产品进行无害化处理，可达到净化，乃至消灭动物疫病的目的。

③通过对检疫所发现的动物疫病的记录、整理和分析，及时、准确地反映动物疫病的流行分布状态，为制定动物疫病防治规划提供可靠的科学依据。

（2）保护人民群众身体健康：大约75%的动物疫病可传染给人，通过检疫可及早发现动物疫病并采取无害化处理措施，防止患病动物和染疫动物产品进入流通领域造成动物疫病传播，保证上市动物产品无疫，防止人畜共患病的发生，保护消费者的生命和健康安全。

（3）维护公共卫生安全：动物检疫工作是公共卫生安全的重要组成部分，是保持社会经济全面、协调、可持续发展的一项基础性工作。一方面，从国际上来看，动物疫病不仅影响人体健康，造成重大经济损失，同时，还会产生强烈的影响，甚至影响到社会稳定。另一方面，随着我国社会、经济的发展和对外开放进程的加快，特别是我国在世界动物卫生组织（OIE）恢复主权国家成员地位后，动物检疫的社会公共卫生属性更加显著，其职能也更多地体现在公共卫生方面，例如，动物卫生和兽医公共卫生的全过程管理、动物疫病和人畜共患病的防控、动物源性食品安全，以及动物源性污染的环境保护等都离不开动物检疫工作。

（4）促进动物、动物产品的对外贸易：通过对进口动物、动物产品的检疫，可以防止动物疫病传入我国，如果发现有患病动物或染疫动物产品，还可依照国际规则、国际惯例或者双边协议进行索赔，使国家进口贸易免受损失；通过产地检疫和屠宰检疫，可保证出口动物、动物产品的质量，维护国家贸易信誉，从而可拓宽国际市场，扩大动物、动物产品出口创汇。

3. 动物的检疫对象都有哪些？

检疫对象是指《动物防疫法》第三条第三款所称的动物疫病，即动物传染病，包括寄生虫病。

4. 动物检疫由谁来实施？

动物卫生监督机构的官方兽医是实施动物、动物产品检疫的唯一主体。

5. 申报检疫时动物卫生监督机构受理的条件有哪些？

动物卫生监督机构在接到检疫申报后，应根据是否为管辖区域、是否处于封锁区、是否按规定时限申报、是否按国家或其他省份动物疫病防控有关要求，以及其他不符合申报受理要求的等情况，决定是否予以受理。

6. 动物产地检疫的出证条件有哪些？

（1）来自非封锁区及未发生相关动物疫情的饲养场（户）；

（2）来自符合风险分级管理有关规定的饲养场（户）；

（3）申报材料符合检疫规程规定；

（4）畜禽标识符合规定；

（5）按照规定进行了强制免疫，并在有效保护期内；

（6）临床检查健康；

（7）需要进行实验室疫病检测的，检测结果合格。

7. 动物产品检疫合格证明出证条件有哪些？

经检疫符合下列条件的，对动物的胴体及生皮、原毛、绒、脏器、血液、蹄、头、角出具动物检疫证明，加盖检疫验讫印章或者加施其他检疫标志：

（1）申报材料符合检疫规程规定；

（2）待宰动物临床检查健康；

（3）同步检疫合格；

（4）需要进行实验室疫病检测的，检测结果合格。

8. 承运动物及动物产品，需要具备哪些条件？

从事动物及动物产品运输的，货主应取得检疫证明；从事动物运输的单位、个人以及车辆，应当向所在地县级人民政府农业农村主管部门备案，妥善保存行程路线和托运人提供的动物名称、检疫证明编号、数量等信息；承运人的运载工具在装载前和卸载后应当及时清洗、消毒；输入到无规定动物疫病区的动物、动物产品，货主应当按照国务院农业农村主管部门和输入地无疫区输入易感动物及动物产品的有关规定向无规定动物疫病区所在地动物卫生监督机构申报检疫，经检疫合格的，方可进入；经航空、铁路、道路、水路运输动物和动物产品的，托运人托运时应当提供检疫证明，没有检疫证明的，承运人不得承运。

进出口动物和动物产品，承运人凭进口报关单证或者海关签发的检疫单证运递。

9. 出售或运输动物前为什么要检疫申报？

《动物防疫法》规定，国家对检疫工作实行申报检疫制度。目的在于：一是有利于动物卫生监督机构预知动物、动物产品移动的时间、流向、种类、数量等情况，便于提前准备，并合理安排布置检疫具体事宜，及时完成检疫任务。二是确保经营者按时交易，有利于促进商品流通。三是确保检疫工作科学实施，质量到位。

10. 出售动物及动物产品，需要办理什么手续？

出售动物及动物产品前，货主应当按规定向当地动物卫生监督机构申报检疫，经官方兽医检疫合格出具检疫证明，动物产品加施检疫标志后方可出售。

11. 检疫标志都包括哪些？

检疫标志主要指的是生猪胴体上的屠宰检疫验讫印章、牛羊肉塑料卡环式检疫验讫标志和动物产品检疫粘贴标志。

12. 如何进行动物的群体检疫？

群体检疫的目的在于评价整群动物健康状况。检疫程序如下：一是群体划分，按动物来源地区或圈、舍或车、船进行分群。二是静态检查，让动物休息后在平静的常态下观察动物站卧姿态；精神营养状况，如被毛、呼吸、反刍（反刍动物）状态，有无咳嗽、喘息、呻吟、嗜睡、流涎、离群等异常现象。三是动态检查，经静态观察之后，将被检动物驱赶起来，观察其自然活动和驱赶活动，重点观察动物起立姿势、行动姿势、排泄情况、精神状态等，注意有无行动困难、肢体麻痹、步态蹒跚、弓背弯腰、离群掉队、气喘咳嗽、排泄姿势和排泄物异常等。四是饮食检查，注意自然饮食过程中食欲食量、采食姿态，有无吞咽困难、呕吐流涎、退槽鸣叫等异常表现。通过群体检疫，从群体中检出有病态的动物，隔离后进行个体检疫。

13. 动物个体检疫的目的是什么？

个体检疫的目的在于初步确定病性，对群体检疫出的可疑病态动物进行详细系统的临床检查，尤其注意是否患某种规定检疫对象的传染病。

14. 动物个体检疫的抽检比例是多少？

若群体检疫没有发现病态动物，亦应抽查5%—20%的动物做个体临诊检疫，一旦查出传染病，应继续抽检10%的动物，必要时需进行全部个体复查。但有启运的兽医检疫证，且与运输动物相符合，在运输途中和到达目的地时，未发现病、死动物的，可不做个体检疫。

15. 动物个体检疫的一般程序是什么？

（1）视诊：一看精神状态，健康动物静止时安静，行动时灵活，对各种外界刺激敏感；二看营养状况，从肌肉的丰满度、皮下脂肪的蓄积量、被毛状况三个方面观察；三看姿势与运动，观察动物站立、睡卧的姿势是否自然，运动时动作是否灵活协调；四看皮肤与被毛，观察动物是否有皮肤病变，被毛是否整洁、平顺有光泽；五看可视黏膜，检查眼、鼻、口等天然孔分泌物的性状；六看排泄物，注意排泄物性状，如硬度、颜色、气味和异物等，以及排泄动作，如泻痢、便秘、失禁、痛苦、里急后重等。

（2）触诊：一查动物的体表状态，判断皮肤表面的温湿度、皮肤与皮下组织的质地、硬度及弹性，浅在淋巴结及局部病变的位置、大小、形态及其温度、内容物性状、硬度、可动性及疼痛反应；二查某些组织器官，感知其生理性或病理性冲动，如在心区，可感知心脏搏动的强度、频率、节律和位置，也可通过触诊反刍动物的瘤胃，判定蠕动的次数及力量强度等；三查腹壁的紧张性和敏感性，感知腹腔内的状态，如肝脾的边缘和硬度、胃肠内容物的多少等。

（3）听诊：一听叫声，判别动物是否声音异常；二听咳嗽，判别动物呼吸器官病变，干咳常见于上呼吸道炎症，湿咳常见于支气管和肺部炎症。

（4）查三数：指动物体温、呼吸和脉搏三项指标检查。健康动物早晨温度较低，午后略高，波动范围为0.5－1℃。因此，可以根据体温升高程度，判断动物发热程度，进而推测疫病的严重性和可疑疫病范围。动物体温升高3℃以上的，应怀疑某些烈性传染病，如炭疽、猪丹毒，或日射病、脓毒败血症等；升高3℃左右的，应怀疑急性感染和广泛的炎症；升高超过2℃的，常见于亚急性或慢性传染病。

呼吸主要检查呼吸运动（频率、节律、强度、方式）和鼻液性状。

脉搏注意静态下的脉数和脉性。

16. 畜禽正常体温是多少？

畜禽正常体温见表3。

表3　畜禽正常体温表

动物名称	平均体温/℃	正常体温范围/℃	动物名称	平均体温/℃	正常体温范围/℃
猪	39.2	38.7－39.8	山羊	39.1	38.5－39.7
马	37.7	37.2－38.2	绵羊	39.1	38.3－40.0

（续表）

动物名称	平均体温/℃	正常体温范围/℃	动物名称	平均体温/℃	正常体温范围/℃
兔	39.5	38.6—40.1	水牛	38.5	37.6—39.5
鸡	41.6	39.6—43.6	牦牛	37.8	37.0—38.6
鹅	42.0	40.0—44.0	黄牛	38.2	37.9—38.6
犬	38.9	37.9—39.9	肉牛	38.3	36.7—39.1
猫	38.6	38.1—39.2	奶牛	38.6	38.0—39.3
驴	37.4	36.4—38.4			

17. 宰前检疫的目的和意义是什么？

一是能及时发现和剔除病畜，尤其是宰后检疫难以发现的病畜，如破伤风、狂犬病、口蹄疫、羊痘、脑炎和某些中毒病的病畜；二是保证了屠畜病健隔离、病健分宰规定的实施，防止肉品污染和疫病的传播，提高肉品卫生质量；三是为了解疫情的分布积累资料，为疫病防治提供依据；四是通过入厂验收，能及时发现和纠正违反动物防疫法律法规的行为，促进动物免疫接种和动物产地检疫工作的实施。因此，加强宰前检疫，从一定意义上讲，比宰后检疫更为重要。

18. 宰前检疫的程序是什么？

（1）入厂验收：一是验讫证件，了解疫情。查验畜禽产地动物卫生监督机构签发的动物检疫合格证明；了解产地有无疫情；亲临车辆，仔细查看畜禽，核对畜禽的种类和数量；检查有无畜禽标识。二是视检畜禽，病健分离。经过初步检查认为合格的畜禽，准予卸载，按产地、批次分圈管理，期间要认真视检畜禽，如发现异常，立即标记并剔除隔离。通过群体检疫和个体抽检，剔除可疑病畜禽，并赶入病畜隔离圈。被隔离的病畜和可疑病畜，经适当休息后，仔细进行临床检查，必要时辅以实验室诊断，确诊后按规定处理。

（2）驻场查圈：入场验收合格的屠畜，在宰前饲养管理期间，检疫人员应经常深入圈舍进行检查，发现病畜及时隔离。

（3）送宰检验：待宰畜禽一定时间的停食饮水管理之后，即可送去屠宰。在送宰之前再进行最后一次临床检查，以便最大限度地控制病畜禽进入屠宰线。经检查确认健康合格的畜禽，下达准宰通知，送往候宰间等候屠宰。

19.宰前管理包括哪些内容及其意义？

宰前管理主要包括休息管理和停食饮水管理。（1）内容：休息管理能够降低宰后肉品的带菌率，让畜禽排出体内过多的代谢产物，而且有利于宰后肉的成熟。一般经过长途运输的畜禽，宰前休息24—48小时即可。（2）意义：宰前停食饮水管理能够提高屠宰放血的合格率，减少屠畜应激综合征的发生和宰后肉品污染，增加肉品糖原含量，以利于肉的成熟，便于屠宰过程解体和节约大量饲料。

20.畜禽宰前停食饮水的时间分别是多少？

不同类的动物在屠宰前的停食时间一般不同。猪需停食12小时，牛、羊、马需停食24小时，鸡、鸭需停食12—24小时，鹅需停食8—16小时。在此期间要保证动物充分饮水，直至宰前2—3小时停水。

在停食期间，给屠畜饮0.5%的食盐水比饮自来水好，这样可大幅度减低放血不良的百分率。另外，在鹅的饮水中加入硫酸镁可加速胃肠内容物排出。

21. 屠畜宰后检疫的要求有哪些?

（1）严格遵守操作程序和方法，不遗漏应检部位与项目。做到不漏检、不错检，有疑难问题的剔出做详细检查。

（2）操作熟练，做到快速、准确。以猪为例，在流水线上一般每分钟检5—8头。

（3）只能在规定部位进行检疫，刀顺肌纤维方向切割，深浅适度，保证商品质量。

（4）切开脏器或组织的病变部位时，要防止污染产品、设备、器具及人员。

（5）检疫人员上岗时应配两套刀、钩和磨刀棒，以备工具受污染时及时更换。污染器具应立即置消毒液中消毒。

22. 野生动物需要检疫吗?

因科研、药用、展示等特殊情形需要的非食用性利用的野生动物，应当按照《野生动物检疫办法》，报动物卫生监督机构检疫，检疫合格的，方可利用。

八、无害化处理

病死动物、病害动物产品的无害化处理是指用物理、化学等方法处理病死动物尸体及相关动物产品，消灭其所携带的病原体，消除动物尸体危害的过程。

1. 什么是病死动物?

《动物防疫法》所指病死动物是指染疫死亡、因病死亡、死因不明或者经检验检疫可能危害人体或者动物健康的死亡动物。

2. 什么是病害动物产品?

《动物防疫法》所指病害动物产品是指来源于病死动物的产品,

或者经检验检疫可能危害人体或者动物健康的动物产品。

3. 什么是无害化处理?

无害化处理指用物理、化学等方法处理病死及病害动物和相关动物产品，消灭其所携带的病原体，消除危害的过程。

4. 哪些病死畜禽和病害畜禽产品应当进行无害化处理?

（1）染疫或者疑似染疫死亡、因病死亡或者死因不明的；

（2）经检疫检验可能危害人体或者动物健康的；

（3）因自然灾害、应激反应、物理挤压等因素死亡的；

（4）屠宰过程中经肉品品质检验确认为不可食用的；

（5）死胎、木乃伊胎等；

（6）因动物疫病防控需要被扑杀或销毁的；

（7）其他应当进行无害化处理的。

另外，发生重大动物疫情时，应当根据动物疫病防控要求，开展病死畜禽和病害畜禽产品无害化处理。

5. 病死及病害动物和相关动物产品的无害化处理的方法有哪些? 适用对象是如何规定的?

（1）焚烧法：在焚烧容器内，使病死及病害动物和相关动物产品在富氧或无氧条件下进行氧化反应或热解反应的方法。

适用对象：国家规定的染疫动物及其产品、病死或者死因不明的动物尸体，屠宰前确认的病害动物、屠宰过程中经检疫或肉品品质检验确认为不可食用的动物产品，以及其他应当进行无害化处理的动物及动物产品。

（2）化制法：在密闭的高压容器内，通过向容器夹层或容器内通入高温饱和蒸汽，在干热、压力或蒸汽、压力的作用下，处理病死及病害动物和相关动物产品的方法。

适用对象：不得用于患有炭疽等芽孢杆菌类疫病，以及牛海绵状脑病、痒病的染疫动物及产品、组织的处理。其他适用对象同焚烧法。

（3）高温法：常压状态下，在封闭系统内利用高温处理病死及病害动物和相关动物产品的方法。

适用对象：同化制法适用对象。

（4）深埋法：按照相关规定，将病死及病害动物和相关动物产品投入深埋坑中并覆盖、消毒，处理病死及病害动物和相关动物产品的方法。

适用对象：发生动物疫情或自然灾害等突发事件时病死及病害动物的应急处理，以及边远和交通不便地区零星病死畜禽的处理。不得用于患有炭疽等芽孢杆菌类疫病，以及牛海绵状脑病、痒病的染疫动物及动物产品、组织的处理。

（5）化学处理法：包括硫酸分解法及化学消毒法。

硫酸分解法：在密闭的容器内，将病死及病害动物和相关动物产品用硫酸在一定条件下进行分解的方法。

适用对象：同化制法适用对象。

化学消毒法：包括盐酸食盐溶液消毒法、过氧乙酸消毒法及碱盐液浸泡消毒法。

适用对象：适用于被病原微生物污染或可疑被污染的动物皮毛消毒。

6．谁来承担病死动物和病害动物产品无害化处理主体责任？

从事动物饲养、屠宰、经营、隔离以及动物产品生产、经营、加工、贮藏等活动的单位和个人，应当按照国家有关规定做好病死动物、病害动物产品的无害化处理，或者委托动物和动物产品无害化处理场所处理。

从事动物、动物产品运输的单位和个人，应当配合做好病死动物和病害动物产品的无害化处理，不得在途中擅自弃置和处理有关动物和动物产品。

任何单位和个人不得买卖、加工、随意弃置病死动物和病害动物产品。

7. 畜禽养殖场、屠宰厂（场）、隔离场等经营主体应该如何做好病死畜禽和病害畜禽产品无害化处理?

畜禽养殖场、养殖户、屠宰厂（场）、隔离场等生产经营主体原则上委托病死畜禽专业无害化处理场进行集中处理，与病死畜禽专业无害化处理场签订委托合同，及时对病死畜禽和病害畜禽产品进行贮存和清运。同时应符合以下要求:

（1）采取必要的冷藏冷冻、清洗消毒等措施;

（2）具有病死畜禽和病害畜禽产品输出通道;

（3）及时通知病死畜禽无害化处理场进行收集，或自行送至指定地点。

坚持自行处理的必须符合《病死畜禽和病害畜禽产品无害化处理管理办法》要求。

8. 死亡畜禽由什么部门负责收集处理?

《动物防疫法》规定，在江河、湖泊、水库等水域发现的死亡畜禽，由所在地县级人民政府组织收集、处理并溯源。

在城市公共场所和乡村发现的死亡畜禽，由所在地街道办事处、乡级人民政府组织收集、处理并溯源。

在野外环境发现的死亡野生动物，由所在地野生动物保护主管部门收集、处理。

9. 病死畜禽和病害畜禽产品集中暂存点应当具备哪些条件?

（1）有独立封闭的贮存区域，并且防渗、防漏、防鼠、防盗，易于清洗消毒；

（2）有冷藏冷冻、清洗消毒等设施设备；

（3）设置显著警示标识；

（4）有符合动物防疫需要的其他设施设备。

10. 专业从事病死畜禽和病害畜禽产品收集的单位和个人是否需要备案？

专业从事病死畜禽和病害畜禽产品收集的单位和个人，应当配备专用运输车辆，并向承运人所在地县级人民政府农业农村主管部门备案。备案时应当通过农业农村部指定的信息系统提交车辆所有权人的营业执照、运输车辆行驶证、运输车辆照片。

11. 对病死畜禽和病害畜禽产品无害化处理专用运输车辆有什么要求？

（1）不得运输病死畜禽和病害畜禽产品以外的其他物品；

（2）车厢密闭、防水、防渗、耐腐蚀，易于清洗和消毒；

（3）配备能够接入国家监管监控平台的车辆定位跟踪系统、车载终端；

（4）配备人员防护、清洗消毒等应急防疫用品；

（5）有符合动物防疫需要的其他设施设备。

12. 从事运输病死畜禽和病害畜禽产品的单位和个人，应当遵守哪些规定？

（1）及时对车辆、相关工具及作业环境进行消毒；

（2）作业过程中如发生渗漏，应当及时清理、消毒，并对病死畜禽和病害畜禽产品重新包装、消毒后再继续运输；

（3）做好人员防护和消毒。

13. 对跨县域收集转运病死畜禽和病害畜禽产品处理的有什么要求?

跨县级以上行政区域运输病死畜禽和病害畜禽产品的，应当报设区的市级人民政府农业农村主管部门同意，相关区域县级以上地方人民政府农业农村主管部门应当加强协作配合，及时通报紧急情况，建立监管工作机制，落实监管责任。

跨县域收集转运的单位和个人，应当将病死畜禽和病害畜禽产品直接转运至受委托县（市、区）病死畜禽专业无害化处理场；未经当地主管部门同意，不得在转运途中卸载。

14. 对病死畜禽和病害畜禽产品专业无害化处理场建设运行有什么要求?

病死畜禽专业无害化处理场应当符合所在地省（自治区、直辖市）建设规划，依法取得动物防疫条件合格证，设计处理能力应当高于日常病死畜禽和病害畜禽产品处理量，专用运输车辆数量和运载能力应当与区域内畜禽养殖情况相适应。应当向社会公布基本信息。应当建立并严格执行设施设备运行管理、清洗消毒、人员防护、生物安全、安全生产和应急处理等制度。应当符合安全生产、环境保护要求，接受有关主管部门监管。销售处理产物的，应当查验购买方资质并留存相关材料，签订销售合同。

15. 病死畜禽和病害畜禽产品无害化处理场所应当建立并严格执行哪些制度?

病死畜禽和病害畜禽产品无害化处理场所应当建立并严格执行的制度有：（1）设施设备运行管理制度；（2）清洗消毒制度；（3）人员防护制度；（4）生物安全制度；（5）安全生产和应急处理制度。

16. 从事病死及病害动物和相关动物产品的收集、暂存、转运、无害化处理操作的工作人员应当怎样进行自我防护?

从事病死及病害动物和相关动物产品的收集、暂存、转运、无害化处理操作的工作人员应经过专门培训,掌握相应的动物防疫知识,做好自我防护。

(1)在操作过程中应穿戴防护服、口罩、护目镜、胶鞋及手套等防护用具。

(2)应使用专用的收集工具、包装用品、转运工具、清洗工具、消毒器材等。

(3)工作完毕后,应对一次性防护用品作销毁处理,对循环使用的防护用品进行消毒处理。

第二部分
人畜共患病防控

　　人畜共患病是由同一种病原体引起，流行病学上相互关联，在人类和其他脊椎动物之间自然传播和感染的疾病。

　　一种疫病能够成为人畜共患病要有三个特性：第一，由共同的传染源引起，包括病毒、细菌、支原体、螺旋体、立克次体、衣原体、真菌、寄生虫等；第二，在流行病学上，动物是人类疾病发生、传播必不可少的环节，动物和人类对病原都具有易感性；第三，在传播途径上，病原体在人和动物之间能自然水平传播，以接触感染方式为主，可以是直接接触，也可以是通过媒介接触。

　　世界卫生组织所分类的人类疾病中，人畜共患病有200多种，目前危害严重的人畜共患病有近40种。根据《动物防疫法》有关规定，我国制定了《人畜共患传染病名录》，其中包括牛海绵状脑病、高致病性禽流感、狂犬病、炭疽、布鲁氏菌病、弓形虫病、棘球蚴病、钩端螺旋体病、沙门氏菌病、牛结核病、日本血吸虫病、日本脑炎（流行性乙型脑炎）、猪链球菌Ⅱ型感染、旋毛虫病、囊尾蚴病、马鼻疽、李氏杆菌病、类鼻疽、片形吸虫病、鹦鹉热、Q热、利什曼原虫病、尼帕病毒性脑炎、华支睾吸虫病。

一、牛海绵状脑病

1. 什么是牛海绵状脑病?

牛海绵状脑病又称疯牛病,是由朊病毒引起的牛的一种进行性神经系统传染病。该病潜伏期长、死亡率高、传染性强,自1985年在英国首次发现以来,逐渐在世界范围内蔓延开来,对养牛业、饮食业以及人的生命安全都造成巨大威胁。

世界动物卫生组织(OIE)将牛海绵状脑病列为必须报告的动物疫病。2012年,我国将其列为重点防范的外来动物疫病。2014年,我国被OIE认可为牛海绵状脑病风险可忽略国家。

2. 什么是朊病毒?

朊病毒又称朊粒、蛋白质侵染因子毒朊或感染性蛋白质,是一类能侵染动物并在宿主细胞内无免疫性疏水蛋白质。所以朊病毒严格来说不是病毒,是一类不含核酸而仅由蛋白质构成的具有感染性的因子。朊病毒是动物和人类传染性海绵状脑病的病原。

3. 牛海绵状脑病的流行病学特点有哪些?

一是朊病毒宿主范围广,牛科动物(包括家牛、大羚羊、野牛等)易感。奶牛因饲养时间比肉牛长,肉骨粉用量大而多发该病。猫科动物(包括家猫、虎、豹、狮等)也易感。实验动物和其他食肉动物亦有一定易感性,如小鼠、绵羊、猪等动物皆可表现典型的海绵状脑病病变。二是牛海绵状脑病感染与性别、品种和遗传因素无关。

疯牛病病牛是该病的传染源。

动物感染该病毒的主要途径是消化道感染;有的也可通过神经系统、血液等感染。

对于人类而言，朊病毒病的传染有三种方式：一是遗传性的，即人家族性朊病毒病传染；二是医源性的，如角膜移植、输血、不慎使用被污染的外科器械，以及注射取自人垂体的生长激素等；三是来源于动物，疯牛病病牛的脑组织及多种组织对人有明确的感染性。

4. 牛海绵状脑病的主要临床症状有哪些？

牛海绵状脑病的潜伏期为2—8年，平均为4—5年。牛开始发病的年龄通常为3—5岁，2岁以下罕见。

感染牛海绵状脑病的牛在临床症状上具有多样性，但大部分均出现中枢神经症状，表现为行为异常、共济失调和感觉过敏。

行为异常主要表现为离群独处、焦虑不安、恐惧、狂暴或沉郁、不自主运动等。当有人靠近或追逼时，病牛往往出现攻击行为。

共济失调主要表现为后肢运动失调，急转弯时尤为明显。患牛快速行走时步态异常，同侧前后肢同时起步，而后发展为行走时后躯摇晃、易摔倒、转弯困难，直至起立困难，不能站立。

感觉过敏常表现为对触摸、光和声音过度敏感。触压牛的颈部、肋部，病牛异常紧张、颤抖；触碰后肢，会出现紧张的踢腿反应。病牛在黑暗环境中对突然出现的灯光，会出现惊恐和颤抖。病牛听到敲击金属器械的声音，会出现震惊和颤抖反应。一般情况下，病牛从最初出现症状到死亡，病程可持续几周到12个月。

5. 牛海绵状脑病的主要剖检变化有哪些？

病理解剖肉眼变化不明显，肝脏等实质器官多无异常，主要的剖检变化局限于中枢神经系统，其特征主要是脑干灰质两侧呈对称性病变，脑灰质呈空泡变性、神经元消失和原胶质细胞肥大，神经纤维网有中等数量、不连续的卵形和球形空洞，神经细胞肿胀成气球状，细胞质变窄，类似海绵状。

6. 牛海绵状脑病的诊断方法有哪些？

根据病牛临床上的中枢神经症状——脑组织切片检查神经纤维网呈海绵状，再结合饲喂反刍动物蛋白的肉骨粉等，可初步判断该病。

由于朊病毒不含核酸，用常规的PCR技术无法检测出来。实验室确诊的依据主要是脑组织中有PrPSc蛋白的检出，目前最常用的检测方法是免疫组化和免疫印迹两种方法。

7. 牛海绵状脑病对人有哪些危害？

牛海绵状脑病迄今尚无法治疗，传染给人后可使人患人克雅氏病。克雅氏病是一种死亡率极高的疾病，一旦感染，几乎100%死亡，目前的发病率为百万分之一。

1996年，新型克雅氏病被发现，已基本证实是由疯牛病的病原引起的。截至目前，国际上很多机构和人员对该病虽然进行了大量研究，但对该病的发病机理及治疗方法仍无重大进展，尚无治疗方法。

8. 如何防控牛海绵状脑病？

截至目前，我国从未发生过牛海绵状脑病，因此，OIE授予我国"牛海绵状脑病风险可忽略"认证，这同时也标志着我国的牛海绵状脑病防范工作达到国际先进水平。

为做好牛海绵状脑病风险防范和应急处置工作，农业农村部制定了《国家牛海绵状脑病风险防范指导意见》。

（1）加强对反刍动物及其产品的进口管理：加强对牛海绵状脑病的风险评估和反刍动物及其产品的进境检疫，严禁从列入《禁止从动物疫病流行国家/地区输入的动物及其产品一览表》中的风险国家进口相关反刍动物及其产品。做好反刍动物及其产品的进境检疫工作；做好反刍动物及其产品进境后的监管工作。加强对进境反刍动物源性饲料的监管，严格用途管制，饲料进口、销售、加工企业应保存档案2年以上。

（2）严格反刍动物饲料监督管理：加强反刍动物饲料生产许可管理，严格执行《饲料生产企业许可条件》的相关规定，落实反刍动物饲料生产线单独设立、生产设备不与其他动物饲料生产线共用的要求；加强反刍动物饲料的生产管理。加大对反刍动物饲料生产企业、饲用肉骨粉和动物油脂生产企业的监管力度；加强反刍动物饲料中牛羊源性成分的监测。

（3）严格动物卫生监管：加强产地检疫。动物卫生监督机构应严格动物检疫申报和产地检疫制度，一旦发现行为异常或出现神经症状等传染性海绵状脑病可疑症状的动物，应立即采取隔离措施，并按程序上报。

加强屠宰管理。严防病死动物进入屠宰环节，宰前检查时发现具有疑似传染性海绵状脑病症状的动物，应按程序上报，按规定采集样品送国家疯牛病参考实验室检测，同时做好安全防护。

加强病死动物无害化处理工作。对确诊传染性牛海绵状脑病的动物，应按相关规定对其尸体及其产品进行焚烧深埋处理，并加醒目标记。

（4）建立健全反刍动物及其产品追溯系统：对进境牛只，应做好原产地标识和目的地标识的有序衔接，加强养殖档案、防疫档案、调运档案和检疫证明等档案管理，确保档案和标识信息的连续性、完整性、真实性、可追溯性。种用反刍动物档案需长期保存，其他牛档案保存20年，其他羊档案保存10年。

（5）加强牛海绵状脑病及其风险因子的监测预警：持续开展基

于风险管理的牛海绵状脑病监测工作，健全完善被动监测与主动监测相结合、临床检查与实验室检测相结合的牛海绵状脑病监测制度，加大高风险环节的抽样监测力度。对所有进境反刍动物实施终身跟踪监测。

二、高致病性禽流感

1. 什么是禽流感？

禽流感是由禽流感病毒引起的一种急性、高度接触性人畜共患传染病，根据致病率不同，可分为高致病性禽流感和低致病性禽流感，其中H7N9亚型对禽类呈现高致病性。

2. 禽流感病毒中的"H""N"分别代表什么？

禽流感病毒表面的蛋白质分为H和N两大类：H是血细胞凝集素（Hemagglutinin），其作用犹如病毒的钥匙，用来打开及入侵人类或牲畜的细胞；N是神经氨酸（Neuraminidase），能破坏细胞的受体，使病毒在宿主体内自由传播。

3. 禽流感病毒有哪些不同亚型？

禽流感病毒目前可分为16个H亚型（H1—H16）和9个N亚型（N1—N9）。高致病性禽流感病毒主要存在于H5亚型、H7亚型，但并不是所有的H5亚型、H7亚型禽流感病毒都是高致病性的。能够感染人的禽流感病毒亚型有H5、H7、H9、H10四种亚型，其中感染H5亚型或H7N9亚型禽流感病毒的患者病情重，病死率高。

4. 什么是高致病性禽流感？

由H5亚型和H7亚型毒株（以H5N1、H7N7和H7N9为代表）所引起的疾病称为高致病性禽流感。OIE将其列为必须报告的动物传染病，我国《一、二、三类动物疫病病种名录》将其列为一类动物疫病。

该病具有发病急、传播快、发病率和死亡率高等特征，对家禽业危害巨大。该病可感染人和其他哺乳动物，对人类健康构成持续威胁，可导致严重的公共卫生危害。

5. 高致病性禽流感的潜伏期是多长时间？该病在潜伏期内能传染吗？

病毒毒力、家禽免疫情况、品种和抵抗力、饲养管理和营养状况、环境卫生及应激因素等都会影响该病潜伏期时间的长短，可从数小时到数天，最长可达21天。OIE制定的《陆生动物卫生法典》将高致病性禽流感的潜伏期定为21天。

在潜伏期内，该病具有一定的传染性。

6. 高致病性禽流感病毒流行病学的特点是什么？

（1）高致病性禽流感的易感动物包括鸡、火鸡、鸭、鹅、鹌鹑、雉鸡、鹧鸪、鸵鸟、孔雀等，多种禽类易感，多种野鸟也可感染发病。

（2）传染源主要为病禽（野鸟）和带毒禽（野鸟）。病毒可在污染的粪便、水等环境中存活较长时间。

（3）传播途径主要为接触传播和呼吸道传播。病禽（野鸟）及其分泌物和排泄物，污染的饲料、水、蛋托（箱）、垫草、种蛋、鸡胚、精液等媒介以及气溶胶，都可传播禽流感病毒。

（4）该病的发病率和病死率与宿主、感染毒株和禽群免疫状况等因素密切相关，最高可达100%。发病没有明显的季节性，但冬春多发。

7. 高致病性禽流感的主要临床症状有哪些？

禽只出现突然死亡，且死亡率高；病禽极度沉郁，头部和眼睑部水肿，鸡冠发绀、脚鳞出血和神经紊乱；鸭鹅等水禽出现明显神经症状、腹泻、角膜炎（重者可失明）等症状。

8. 高致病性禽流感剖检脏器有哪些变化？

高致病性禽流感剖检脏器的主要变化有：气管弥漫性充血、出血，有少量黏液；肺部有炎性症状；腹腔有浑浊的炎性分泌物；肠道可见卡他性炎症；输卵管内有浑浊的炎性分泌物，卵泡充血、出血、萎缩、破裂，有的可见卵黄性腹膜炎；胰腺边缘有出血、坏死；腺胃、肌胃交界处可见带状出血，腺胃乳头可见出血；盲肠、扁桃体肿大出血；直肠黏膜及泄殖腔出血。但有一些急性死亡的家禽有时无明显剖检变化。

9. 人感染高致病性禽流感病毒有哪些临床症状？

人感染高致病性禽流感病毒以后，多呈急性起病，早期表现类似普通型流感，主要为发热，体温大多在39℃以上，热程1—7天，一般为3—4天，可伴有流涕、鼻塞、咳嗽、咽痛、头痛、肌肉酸痛和全身不适，部分患者可有恶心、腹痛、腹泻、稀水样便等消化道症状。多数轻症病例预后良好，重症患者病情发展迅速，可出现肺炎、急性呼吸窘迫综合征、肺出血、胸腔积液、全血细胞减少、肾衰竭、败血症、休克及瑞氏综合征等多种并发症，严重者可致死亡。大多数患者可出现眼结膜炎，少数患者伴有温和的流感样症状，重症患者可有肺部实变体征。治疗中若体温持续超过39℃，需警惕重症倾向。

10. 确定高致病性禽流感的诊断标准是什么？

（1）有典型的临床症状和剖检变化，发病急、死亡率高，且能排除新城疫和中毒性疾病，血清学检测阳性。

（2）未经免疫的鸡场家禽出现H5亚型、H7亚型禽流感血清学检测为阳性。

（3）在禽群中分离到H5亚型、H7亚型禽流感毒株或其他亚型禽流感毒株。

11. 高致病性禽流感要不要治疗?

禽类发生高致病性禽流感时，因发病急、发病率和死亡率很高，目前尚无治疗办法。

按照国家规定，凡是确诊为高致病性禽流感后，应立即对3 km范围内饲养的禽只，全部扑杀、深埋，并对其污染物做好无害化处理。通过这些方式可以尽快扑灭疫情，消灭传染源，减少经济损失，应该坚决执行。

12. 高致病性禽流感病禽禽舍、污染物及其环境应如何消毒?

禽流感病毒可以随感染发病禽的粪便和鼻腔分泌物排出而污染禽舍、笼具、垫料等。禽流感病毒对消毒剂、高温比较敏感。

对污染的禽舍进行消毒时，必须先用去污剂清洗除去污物，再用次氯酸钠溶液消毒，最后用福尔马林和高锰酸钾熏蒸消毒。铁制笼具也可采用火焰消毒。由于病禽粪便中含病毒量很高，因此，在处理时要特别注意。粪便和垫料应通过掩埋和生物发酵的方法来进行处理，对处理粪便和垫料所使用的工具要用火碱水或其他消毒剂浸泡消毒。

13. 高致病性禽流感疫情处置人员应怎样做好防护?

（1）进入疫情处置相关场所时，疫情处置人员应穿防护服和胶靴，佩戴橡胶手套、N95口罩、护目镜。

（2）离开疫情处置相关场所时，应在出口处脱掉防护用品，交工作人员进行集中处理，并在换衣区域进行消毒，回到驻地后要洗浴。

14. 饲养人员应怎样做好高致病性禽流感防护?

饲养人员一般不参与疫情处置工作，特殊情况下参与疫情处置工作的，应采取适当的防护措施：

（1）与可能感染的家禽及其粪便等污染物品接触前，必须佩戴口罩、手套和护目镜，穿防护服和胶靴。

（2）工作完毕后，脱掉防护用品，交工作人员进行集中处理，并洗浴。同时，要对可能污染的衣物用70℃以上的热水浸泡5分钟或用消毒剂浸泡，然后再用肥皂水洗涤，于户外阳光下晾晒。

15. 是否有疫苗能够预防高致病性禽流感？

我国已经成功研制出用于预防H5亚型和（或）H7亚型高致病性禽流感的疫苗。目前在用的高致病性禽流感疫苗是重组禽流感病毒H5+H7亚型三价灭活疫苗。非疫区的养殖场应该及时接种疫苗，从而达到防止禽流感发生的目的。

16. 如何预防高致病性禽流感？

对禽流感的预防必须采取综合性预防措施。养殖场应远离居民区、集贸市场、交通要道以及其他动物生产场所和相关设施等；不从疫区引进种蛋和种禽；对过往车辆以及场区周围的环境、孵化厅、孵化器、鸡舍笼具、工作人员的衣帽和鞋等进行严格的消毒；采取全进全出的饲养模式，杜绝鸟类与家禽的接触；在养殖场中应专门设置工作人员出入通道，对工作人员及其常规防护物品应进行可靠的清洗及消毒；严禁一切外来人员进入或参观动物养殖场区。在受高致病性禽流感威胁的地区应在当地兽医卫生管理部门的指导下进行疫苗接种，定期进行血清学监测，以保证疫苗的免疫预防效果确实可靠。

17. 无高致病性禽流感区的判断标准有哪些？

无高致病性禽流感区，必须满足以下条件：

（1）达到国家无规定疫病区基本条件。

（2）有定期、快速的动物疫情报告记录。

（3）在过去3年内没有发生过高致病性禽流感；在过去6个月内，接种过禽流感疫苗；停止免疫接种后，没有引进接种过禽流感疫苗的禽类。

（4）有效的监测体系和监测区，过去3年内实施疫病监测，未检出H5亚型、H7亚型病原或H5亚型、H7亚型禽流感，HI试验阴性。

（5）所有的报告、监测记录等有关材料准确、详实、齐全。

（6）若发生高致病性禽流感时，在采取扑杀措施及血清学监测的情况下，最后一只病禽扑杀后6个月（或采取扑杀措施、血清学监测及紧急免疫情况下，最后一只免疫禽屠宰后6个月），经实施有效的疫情监测和血清学检测确认后，方可重新申请无高致病性禽流感区。

三、狂犬病

1. 什么是狂犬病？

狂犬病是由狂犬病病毒侵害中枢神经系统引起的一种急性致死性人畜共患传染病，病死率高达100%。野生动物是狂犬病病毒的主要宿主和传播载体，家犬在传播病毒中起重要作用，狂犬病病毒几乎能感染所有恒温动物。我国将其列为二类动物疫病。

2. 狂犬病的流行病学特点是什么？

人和多种动物对该病都有易感性，犬科、猫科动物最易感。

发病动物和带毒动物是狂犬病的主要传染源，这些动物的唾液中含有大量病毒。犬是我国狂犬病的主要传染源，占95%以上，其次是猫。野生或流浪的食肉哺乳动物，也有传播风险，鼬、獾、狐狸、貉、狼是我国重要的野生动物传染源。蝙蝠也可以传播狂犬病。禽类、鱼类、昆虫、蜥蜴、龟、蛇等动物不感染和传播狂犬病病毒。

该病主要通过被患病动物咬伤、抓伤感染，亦可通过皮肤或黏膜损伤处接触发病或带毒动物的唾液感染。咬伤部位越接近头部或伤口越深，发病率越高。对患狂犬病的动物宰杀、剥皮，偶尔也会造成感染。

该病的潜伏期变动很大，与动物易感性、伤口距中枢神经的距离、病毒毒力和数量有关，一般在3个月内发病，有时更长。

该病多为散发，无明显的季节性，但以温暖季节发病较多。

3. 狂犬病的临床症状有哪些？

狂犬病的临床症状主要表现为狂躁不安、意识紊乱。

（1）患该病的犬的临床症状一般分为狂暴型和麻痹型两种类型。

狂暴型可分为前驱期、兴奋期和麻痹期，整个病程为6—8天，个别可达10天。①前驱期为半天到2天。病犬精神沉郁，常躲在暗处，不愿和人接近或不听呼唤，若强迫牵引，则咬畜主；食欲反常，喜吃异物，喉头轻度麻痹，吞咽时颈部伸展；瞳孔散大，反射机能亢进，轻度刺激即兴奋，有时望空扑咬；性欲亢进，嗅舔自己或其他犬的性器官；唾液分泌逐渐增多，后躯软弱。②兴奋期约2—4天。病犬高度兴奋，表现狂暴，常攻击人和其他动物。狂暴和沉郁交替出现，疲劳时卧地不动，不久又立起，表现一种特殊的斜视惶恐表情。随病势发展，会陷于意识障碍，反射紊乱，显著消瘦，吠声嘶哑，眼球凹陷，散瞳或缩瞳，下颌麻痹，流涎和夹尾等。③麻痹期为1—2天。病犬下颌下垂，舌脱出口外，流涎显著，后躯及四肢麻痹导致卧地不起，因呼吸中枢麻痹或衰竭而死。

麻痹型的兴奋期很短或只有轻微兴奋表现即转入麻痹期。病犬表现喉头、下颌、后躯麻痹，流涎显著、吞咽困难和恐水等，经2—4天死亡。

（2）患该病的猫的临床症状一般为狂暴型，症状与犬的相似，但病程较短，出现症状后2—4天死亡。病猫发病时常蜷缩在阴暗处，受刺激后攻击其他动物和人。

（3）患该病的其他动物的临床症状：牛、羊、猪、马等动物患狂犬病时，多表现为精神兴奋、性欲亢进、流涎和具有攻击性，最后会因麻痹衰竭而死。

4. 人感染狂犬病病毒的途径有哪些？

（1）感染狂犬病病毒的犬、猫等可疑动物咬伤或抓伤人时，动物唾液内的狂犬病病毒会侵入人体导致感染发病；（2）人的破损皮肤被患该病的动物舔，以及开放性伤口、黏膜被患该病的动物体液污染也会导致感染；（3）人体也可通过角膜、肝脏、肾脏等器官移植而感染狂犬病病毒。

5. 人被患狂犬病动物咬伤后多久会发病？

人被患病的动物咬伤后，一般1—3个月后发病，很少情况下会在两周以内发病，也极少超过一年发病的。人被咬伤后发病的时间与很多因素有关，包括感染病毒的数量多少和毒力强弱，咬伤的部位和咬伤的严重程度，以及被咬伤者的身体状况。一般来讲，病毒的毒力越强，感染病毒的数量越多，被咬伤的部位更接近头面部，以及被咬伤者免疫力比较低下，往往会较早发病。

6. 被患狂犬病动物致伤后，该怎么处理？

狂犬病病毒不耐高温，悬液中的病毒经56℃加热30—60分钟，或者100℃加热2分钟即失去感染力。狂犬病病毒对脂溶剂（肥皂水、氯仿、丙酮等）、乙醇、过氧化氢、高锰酸钾、碘制剂等敏感。

被患狂犬病的动物致伤后，应就近用肥皂水和清水交替冲洗伤口，有条件的可采用碘酒或酒精进行消毒，之后尽快赶到有资质的狂犬病暴露处置门诊进行规范的伤口暴露后的处置。

7. 被患狂犬病动物致伤后的伤口如何分级？怎样处置？

被患狂犬病的动物致伤后，按照接触方式和暴露程度，可将狂犬病暴露分为三级：

（1）I级暴露：接触或者喂养动物；完整皮肤被舔舐；完好的皮肤接触狂犬病动物或人狂犬病病例的分泌物或排泄物。I级暴露者，无需进行处置。

（2）II级暴露：裸露的皮肤被轻咬；无出血的轻微抓伤或擦伤。II级暴露者，应立即处理伤口并按照相关规定进行狂犬病疫苗接种。

（3）III级暴露：单处或多处贯穿皮肤的咬伤或抓伤；破损的皮肤被舔舐；开放性伤口或黏膜被唾液污染（如被舔舐）。III级暴露者，应立即处理伤口，并按照相关规定使用狂犬病被动免疫制剂，并接种狂犬病疫苗。

8. 狂犬病的实验室诊断方法有哪些？

（1）免疫荧光试验。

（2）小鼠和细胞培养物感染试验。

（3）反转录–聚合酶链式反应或荧光定量聚合酶链式反应。

9. 狂犬病怎么预防？

（1）管理好传染源：对家庭饲养动物进行免疫接种，管理好流浪动物。对可疑因狂犬病死亡的动物，应取其脑组织进行检查，并将其焚毁或深埋，切不可剥皮或食用。

（2）正确处理伤口：被动物咬伤或抓伤后，应立即用20%的肥皂水反复冲洗伤口，伤口较深者需用导管伸入，以肥皂水持续灌注清洗，力求去除狗涎，挤出污血。一般不缝合包扎伤口，必要时使用抗菌药物，伤口深时还要使用破伤风抗毒素。

（3）接种狂犬病疫苗：预防接种对防止发病有肯定价值，包括主动免疫和被动免疫。人一旦被咬伤，疫苗注射至关重要，严重者还需注射狂犬病血清。

四、炭疽

1. 什么是炭疽?

炭疽是由炭疽杆菌引起的一种急性、热性、败血性人畜共患病。OIE将其列为法定动物报告疫病，我国将其列为二类动物疫病，属于乙类传染病。该病呈地方性流行。

2. 炭疽的流行病学特点有哪些?

各种家畜、野生动物及人对该病都有不同程度的易感性。草食动物最易感，其次是杂食动物，再次是肉食动物，家禽一般不感染。人对炭疽也易感，尤其是农牧民、屠宰人员、兽医以及从事动物皮毛等动物产品加工的人员。从事家畜养殖、贩卖、屠宰、销售以及皮毛加工处理的人群为主要高风险人群。

该病在人和动物间主要通过消化道传播，也可通过呼吸道或受损伤的皮肤接触感染。大多数情况下，牛、羊等食草动物在吃草时因摄入炭疽杆菌的芽孢而被感染，当人接触这些感染牲畜的肉类、毛皮、血液或土壤等其他污染物时，也会被感染。

炭疽杆菌芽孢对环境具有很强的抵抗力，其污染的土壤、水源及场地可形成持久的疫源地。

3. 动物感染炭疽杆菌的临床症状是什么?

该病的潜伏期短则几小时，长则20天。在临床上常分为四型：

（1）最急性型与急性型：牛、羊常发生，最急性型多发生于羊，表现为病羊突然站立不稳、全身痉挛、迅速倒地，高热，呼吸困难，天然孔流出带泡沫的暗色血，血凝不全，常于数小时内死亡。

（2）亚急性型（痈型炭疽）：症状与急性型相似，但表现较缓和。牛和马可见颈、咽喉、胸、腹、外阴等处皮肤出现明显的局灶性炎性肿胀或者炭疽痈，初发热，不久则变冷无痛，随后软化龟裂，发生坏死，形成溃疡。

（3）慢性型：多见于猪，表现为咽峡型和肠型炭疽等，但多数病例临诊见不明显症状，屠宰后方发现病变。肠型炭疽常伴随便秘或腹泻，轻者可恢复，重者致死。

4. 人感染炭疽杆菌的临床症状是什么？

人感染炭疽杆菌主要有三种临床类型：皮肤炭疽、肠炭疽和肺炭疽。其中皮肤炭疽最为常见，占全部病例的95%—98%。

炭疽杆菌主要从皮肤侵入人体或动物体，引起皮肤炭疽，使皮肤形成焦痂溃疡与周围脓肿和毒血症，病变多见于手、脚、面、颈、肩等裸露部位皮肤。也可引起吸入性炭疽或胃肠炭疽，均可并发败血症。

5. 反刍动物、猪和人感染炭疽杆菌的临床表现有何不同？

（1）反刍动物感染炭疽杆菌呈散发性或地方性流行，夏季较多发，主要为败血型病变。绵羊与山羊常发生最急性型炭疽，突然死亡。牛常发生急性型炭疽，发病急剧，病程短，体温急剧上升，腹痛，全身战栗，呼吸困难，濒死期天然孔出血，可视黏膜发绀。

（2）猪对炭疽杆菌的抵抗力较大，呈散发性慢性过程，主要表现为局部咽型炭疽，附近淋巴结明显肿胀，黏膜发绀，呼吸困难，最后窒息而死。也有不少病例，临诊症状不明显，只于屠宰后发现病变，且败血型较少见。

（3）人感染炭疽杆菌有三种表现型：皮肤炭疽、肺炭疽和肠炭疽。这三种类型均可继发败血症及脑膜炎，病情严重。

6. 为什么患炭疽的动物不允许剖检？

患炭疽濒死的动物体内常有大量菌体，剖检时若处理不当，这些菌体可感染人，且可形成大量有强大抵抗力的炭疽杆菌芽孢污染土壤、水源和场地，形成长久的疫源地。因此，患炭疽动物严禁剖检。

7. 患急性炭疽的动物有什么特征性病变？

患急性炭疽的动物主要呈败血症变化，尸僵不全，迅速腐败膨胀，天然孔出血，血液凝固不良，皮下出血性胶样浸润；内脏常见出血，实质器官变性。典型的病例为脾脏几乎呈黑色，肿大几倍，充满了煤焦油样的脾髓和血液；消化道还可能有界限明显的水肿区，水肿液呈淡黄色。

8. 为什么要特别重视屠宰前和屠宰后的炭疽检疫检验？

炭疽属于人畜共患病，能在屠宰、加工、搬运以及烹饪和使用等环节，传染给人，不仅能造成牲畜死亡和降低畜产品的质量，而且还能使人的健康受到严重危害。炭疽的主要传染源是病畜，濒死病畜体内及其排泄物中常有大量菌体，病死动物的尸体处理不当，可形成大量有强大抵抗力的炭疽杆菌芽孢污染土壤、水源和场地，形成长久的疫源地。因此，要特别重视屠宰前和屠宰后的炭疽检疫检验，一旦检出后，应立即采取措施，防止该病的传播。

9. 猪宰后检出局部淋巴结炭疽时应采取哪些紧急措施？

首先，屠宰车间应立即停产，封锁现场，进行会诊和细菌学、血清学检验，尽快确诊，立即对同群的猪全部测温。体温正常的应在指定地点屠宰，认真检验；体温不正常的予以隔离观察，确诊不是炭疽时方可屠宰。

为了防止菌体污染，应将所有未与炭疽畜肉接触过的胴体和内脏，迅速由未接触炭疽家畜或胴体的人搬运出车间。

地面、墙壁、设备等用1%—3%火碱溶液或5%甲醛溶液进行彻底消毒。消毒工作应于宰后6小时内完成。消除并焚烧所有的粪便、污物等。器械、用具、衣帽、胶靴等均应经过有效的消毒。与炭疽病畜或病死动物的尸体接触过的人员，须进行卫生护理。

10. 猪淋巴结炭疽病变特征是什么？多发生于哪些部位？

（1）病变特征是淋巴结切面有蜂窝状红色小出血点，或整个淋巴结的切面或个别区域显著充血、出血，呈砖红色或樱红色，有时可见到大小不同的暗红色出血点和凹陷的小坏死灶。

（2）多发部位为颌下淋巴结和肠系膜淋巴结。淋巴结的周围组织呈浆性或浆性出血性胶样浸润。

11. 发现炭疽疑似病畜如何应对？

（1）发现牛、羊、猪等牲畜突然死亡或者天然孔出血、腹部膨胀、体温升高等现象，要将病死或发病动物隔离，并限制其移动。发现炭疽临床可疑病例时，严禁解剖。

（2）做到不宰杀、不食用、不出售、不转运病死动物及其产品，并及时上报当地农业农村主管部门，由专业部门按规定处理。

（3）对污染场地进行彻底消毒，与病畜共同放牧的其他畜群及周边畜群暂停放养，圈养隔离观察至少20天。

（4）疫区和威胁区内的家畜进行炭疽疫苗的紧急免疫接种。

12. 炭疽疑似病畜及所在场地如何进行无害化处理？

（1）尸体、衣物可用5%的福尔马林浸泡，也可用油或木柴进行彻底燃烧处理。无条件进行焚烧处理时，可按规定进行深埋处理。

（2）圈舍、用具可用20%的漂白粉喷洒；死畜污染的场地可用火碱或生石灰类覆盖；密闭场所可采用熏蒸消毒。

13. 如何做好炭疽的预防与控制?

（1）炭疽预防

①养殖场：严格控制外来人员、车辆和易感动物进入养殖场，养殖场地、圈舍及进出的人员、车辆、物品要严格落实消毒措施。不从炭疽疫区调运易感动物；从非疫区调入动物要有齐全的检疫手续，落地后要隔离观察，无异常情况再混群饲养。

②屠宰场：必须符合《动物防疫条件审查办法》中规定的动物防疫条件，建立严格的卫生（消毒）管理制度。不得抛弃、收购、贩运、屠宰、加工病死畜禽，对病死畜禽必须依法依规进行无害化处理。屠宰动物的人员应佩戴手套、口罩等防护装备。

③参与采样和疫情处理的有关人员应穿防护服，佩戴口罩和手套，做好自身防护。

④经常接触牲畜的饲养人员要养成良好的卫生习惯，皮肤如有伤口，应及时用碘酒消毒。

（2）炭疽控制

①如能早期发现感染炭疽杆菌，应及时用抗菌药物或抗炭疽血清治疗，这样可以治愈，否则可能危及生命。

②预防家畜患炭疽的疫苗有：Ⅱ号炭疽芽孢苗、无荚膜炭疽芽孢疫苗、兽用炭疽油乳剂疫苗等。

③推荐环境消毒药：20%的漂白粉溶液，10%火碱溶液，5%甲醛溶液。

14. 如何防范人感染炭疽?

控制和消灭传染源是防治炭疽的主要措施。每年定期对家畜接种炭疽疫苗；对病死动物坚决做到不准宰杀、不准食用、不准出售、不准转运，按规定进行无害化处理；在疫区或易感人群中，应首先进行疫苗预防接种；对患者要早发现、早诊断、早治疗。

从事养殖、屠宰、肉食经营、皮毛加工等职业的人员要佩戴口罩、手套，严禁工作中吸烟及进食，避免病原菌经皮肤、呼吸道或消化道感染。皮肤受伤后受到污染，应立即用0.2%的过氧乙酸或碘酒进行消毒。

五、布鲁氏菌病

1. 什么是布鲁氏菌病？

布鲁氏菌病是由布鲁氏菌属细菌引起的牛、羊、猪、鹿、犬等哺乳动物和人类共患的一种传染病。我国将其列为二类动物疫病。人患布鲁氏菌病易引起全身乏力，甚至丧失劳动能力，俗称懒汉病。

2. 布鲁氏菌病的流行病学特点有哪些？

多种动物和人对布鲁氏菌易感，羊、牛、猪的易感性最强。母畜比公畜、成年畜比幼年畜发病多。在母畜中，第一次妊娠母畜发病较多。病畜主要通过流产物、精液和乳汁排菌，污染环境。

带菌动物，尤其是病畜的流产胎儿、胎衣是主要传染源。与人类有关的传染源动物主要是羊、牛及猪，其次是犬，人与人之间一般不会传染。感染动物可长期甚至终生带菌，成为对其他动物和人最危险的传染源。

布鲁氏菌病主要通过消化道、呼吸道、生殖道进行传播。布鲁氏菌的侵袭力很强，可从完整皮肤黏膜侵入。发病初期在血液和各组织中均可以找到布鲁氏菌。人主要通过皮肤、黏膜和呼吸道感染布鲁氏菌，在饲养、挤奶、剪毛、屠宰及加工皮、毛、肉等过程中不注意防护也可感染布鲁氏菌。人食用来自受感染动物的未经巴氏杀菌的奶也会感染布鲁氏菌。一些昆虫，如苍蝇、蜱等可携带布鲁氏菌，叮咬易感动物或污染饲料、水源、食品，也可传播布鲁氏菌病。

家畜感染布鲁氏菌病的潜伏期短的半个月，长的可达半年、一年甚至几年，也可终生带毒不发病。

3. 布鲁氏菌的抵抗力如何？

布鲁氏菌对光、热、常用化学消毒剂等均很敏感。阳光照射20分钟，60℃湿热30分钟、70℃湿热10分钟，3%漂白粉澄清液浸泡数分钟就可将其杀死；巴氏灭菌法10—15分钟能杀灭该菌。

布鲁氏菌在土壤中可存活2—5天；粪便中夏季可存活1—3天，冰冻状态下存活数月；鲜乳中能存活10天；食品中可存活2个月；水中可存活5日至4个月。

4. 家畜感染布鲁氏菌的临床症状是什么？

家畜感染布鲁氏菌的潜伏期一般为14—180天。最显著的症状是怀孕母畜发生流产，流产后可能发生胎衣滞留和子宫内膜炎，从阴道流出污秽不洁、恶臭的分泌物。新发病的畜群母畜流产较多；老疫区畜群母畜发生流产的较少，但发生子宫内膜炎、乳房炎、关节炎、胎衣滞留、久配不孕的较多。公畜往往发生睾丸炎、附睾炎或关节炎。

5. 人是怎样被传染布鲁氏菌病的？

（1）经皮肤黏膜接触传染：人直接接触病畜或其排泄物、阴道分泌物、娩出物，或在饲养、挤奶、剪毛、屠宰以及加工皮、毛、肉等过程中没有注意防护，可经皮肤微伤或眼结膜感染布鲁氏菌。人也可通过间接接触病畜污染的环境及物品而感染布鲁氏菌。

（2）经消化道传染：人食用被病菌污染的食品、水或食生乳以及未熟的肉、内脏而感染布鲁氏菌。

（3）经呼吸道传染：病菌污染环境后形成气溶胶，可发生呼吸道感染。

（4）其他传染方式：苍蝇携带，蜱叮咬等也可传播本病。

6. 哪些人容易患布鲁氏菌病?

人类对布鲁氏菌病普遍易感。畜牧业、屠宰业、养殖业、皮毛加工、兽医等行业的人群，是布鲁氏菌病的高危人群。

7. 人感染布鲁氏菌的临床症状是什么?

人感染布鲁氏菌病后，病菌潜伏期长短不一，短则1—3天，长则数月，甚至一年。人一旦发病，主要表现为长期低热、多汗、全身乏力、关节和肌肉疼痛、神经痛，以及淋巴结、肝脏、脾脏肿大、睾丸肿大等症状和体征，严重的可丧失劳动能力。女性感染布鲁氏菌，会导致不孕、流产，如果治疗不及时可致终身不育。

8. 布鲁氏菌病有哪些危害?

（1）人患布鲁氏菌病后，布鲁氏菌可以侵入人体各个部位，引起各器官组织发生病变，降低劳动能力，影响生活质量，严重的可造成终身劳动力丧失。

（2）牲畜患布鲁氏菌病后，可导致大量母畜不孕、流产，同时患病的牲畜可造成周围环境污染，使得更多的牲畜患病，这不仅严重影响畜牧业的发展，对乳、肉、皮、毛加工带来较大危害，还会影响人群的健康和当地的经济发展。

9. 如何确诊布鲁氏菌病?

根据该病的流行特点、临床表现可以进行初步判断。确诊该病要采集病料送实验室检测。

布鲁氏菌病原学检测可以进行细菌分离培养和PCR检测。血清学检测技术有虎红平板凝集试验、试管凝集试验、补体结合试验、全乳环状试验、酶联免疫吸附试验、荧光偏振分析技术等。

10. 人得了布鲁氏菌病怎么办?

人得了布鲁氏菌病不可怕，关键是要早发现，及时治疗。发现可疑症状后要到正规医院就诊，处于急性发病期的患者，只要经过系统规范治疗，就可以治愈。

治疗布鲁氏菌病必须按医生的要求达到治疗的时间，并按时吃药、打针。发病后如果治疗不及时，或者治一治、停一停，一旦转成了慢性布鲁氏菌病，就很难治愈了。

11. 如何预防布鲁氏菌病的发生？

布鲁氏菌病是可以预防的，预防布鲁氏菌病的主要措施如下：

（1）注意个人卫生：养成良好的个人卫生和饮食习惯，不买病死和腐败的畜禽肉，不喝未经消毒的生奶，切忌食生肉或未熟透的肉，勤洗手，特别是接触牛、羊后要彻底洗手，不要在牛、羊圈舍内吃食物。切生熟食物的菜刀菜板要分开。

（2）搞好环境卫生：引进牛羊时，一定要搞好检疫，防止引进患病牛羊。牲畜栖息地或圈舍要定期进行严格消毒处理。

（3）做好个人防护：从事牛羊接生、屠宰、清理圈舍和加工皮毛等人员，要做好个人防护，佩戴口罩、手套，穿工作服、胶靴。工作后要对场所和防护品进行消毒处理。

12. 我国布鲁氏菌病的防控政策是什么？

布鲁氏菌病是可防可控的。20世纪90年代，我国在布鲁氏菌病防控上采取"免、检、杀、消、处"等综合防治措施，布鲁氏菌病疫情基本得到控制。

近年来，随着草食畜牧业的快速发展，牛羊养殖、调运和消费数量不断增长，畜间布鲁氏菌病防控面临的形势较为复杂。我国高度重视布鲁氏菌病的防治工作，2012年，国务院办公厅发布了《国家中长期动物疫病防治规划（2012—2020年）》，将布鲁氏菌病列为优先防治的16种动物疫病之一。2016年，中华人民共和国原农业部和中华人民共和国原国家卫生和计划生育委员会联合出台《国家布鲁氏菌病防治计划（2016—2020年）》，明确重点省份开展布鲁氏菌病强制免疫，其他省份开展监测净化的防控策略。经过各地的持续努力，畜间布鲁氏菌病流行率呈总体下降趋势，但个别地区呈上升趋势。为保证防控政策的延续性，强化畜间布鲁氏菌病防控，保障畜牧业生产安全、公共卫生安全和生物安全，2022年，农业农村部出台了《畜间布鲁氏菌病防控五年行动方案（2022—2026年）》，包括总体要求、重点任务和保障措施3个大的方面，指导各地持续做好布鲁氏菌病的防控工作。

13. 我国关于布鲁氏菌病防控的控制标准、稳定控制标准、净化标准、消灭标准是如何规定的？

（1）控制标准：连续2年以上，牛布鲁氏菌病个体阳性率在1%以下，羊布鲁氏菌病个体阳性率在0.5%以下，所有染疫牛羊均已扑杀。本地人间布鲁氏菌病新发病例数不超过上一年。

（2）稳定控制标准：连续3年以上，牛布鲁氏菌病个体阳性率在0.2%以下，羊布鲁氏菌病个体阳性率在0.1%以下，所有染疫牛羊均已扑杀。一年内无本地人间新发确诊病例。

（3）净化标准：达到稳定控制标准后，用试管凝集试验、补体结合试验、iELISA或者cELISA检测血清均为阴性，辖区内或牛羊场群连续2年无布鲁氏菌病疫情。连续2年无本地人间新发确诊病例。

（4）消灭标准：达到净化标准后，连续3年以上用细菌分离鉴定的方法在牛羊场群中检测不出布鲁氏菌。连续3年无本地人间新发确诊病例。

14. 我国对布鲁氏菌病的防治策略是如何规定的？

（1）畜间：在全国范围内，种畜禁止免疫，实施监测净化；奶畜原则上不免疫，实施检测和扑杀为主的措施。

鼓励和支持各地实施牛羊（此节内容以下所提"牛羊"均不含种畜）"规模养殖，集中屠宰，冷链流通，冷鲜上市"。

（2）人间：全国范围内开展布鲁氏菌病监测工作，做好布鲁氏菌病病例的发现、报告、治疗和管理工作，及时开展疫情调查处置，防止疫情传播蔓延。加强基层医务人员培训，提高诊断水平。

一类地区重点开展高危人群筛查、健康教育和行为干预工作，增强高危人群自我保护意识，提高患者就诊及时性。

二、三类地区重点开展疫情监测，发现疫情及时处置，并深入调查传播因素，及时干预，防止疫情蔓延。

15. 如何控制布鲁氏菌病的流行？

布鲁氏菌病是可以控制的，控制布鲁氏菌病流行的主要措施如下：

（1）管理好传染源（患病动物和人）：如果牛羊已经得了布鲁氏菌病，就要及时进行无害化处理；对于病人要及时治疗。

（2）切断传播途径：①对病畜用过的圈舍进行严格的消毒、净化。打扫牛羊圈舍时要佩戴口罩，防止吸入含有布鲁氏菌的灰尘。②患布鲁氏菌病的牛羊最常见的表现是流产，对牛羊流产的胎儿、胎盘，要进行无害化处理，不能随地丢弃，更不能用手直接去拿。接羔、处理流产胎羔时，要戴上橡胶手套，处理完要用消毒剂洗手，并对流产物污染的地方用生石灰或消毒剂进行消毒。③皮毛和病畜所污染的场所也应严格消毒。④加强对水源、粪便、牲畜的管理，避免水源污染。⑤对患布鲁氏菌病的动物或人的排泄物、污染物也要进行消毒。病人的碗筷要用开水煮沸消毒。

16. 布鲁氏菌病的实验室诊断技术有哪些？

根据《动物布鲁氏菌病诊断技术》（GB/T18646-2018），实验室监测布鲁氏菌病主要有以下方法：

（1）虎红平板凝集试验；

（2）乳牛全乳环状试验；

（3）试管凝集试验；

（4）补体结合试验；

（5）间接酶联免疫吸附试验；

（6）竞争酶联免疫吸附试验；

（7）涂片染色镜检，分离培养，细菌鉴定，梯度PCR。

17. 接触患布鲁氏菌病牛羊场的人员应怎么做好防护?

接触患布鲁氏菌病的牛羊场的人员要做好以下防护：

（1）头部、面部、脚部的防护：戴帽子、护目镜、面具，穿鞋套，配备洗眼装置。

（2）手部防护：戴手套。

（3）呼吸道防护：佩戴口罩，配备正压防护系统。

（4）除头部外躯体的防护：穿防护服、围裙袖套。

六、弓形虫病

1. 什么是弓形虫病?

弓形虫病是由刚地弓形虫寄生于人和动物的有核细胞内引起的一种人畜共患病。弓形虫主要侵犯眼、脑、心脏、肝脏、淋巴结等部位，影响胎儿发育，致畸严重。

2. 弓形虫病的流行特点有哪些?

弓形虫的中间宿主广泛，经血清学或病原学证实可自然感染的动物有猪、黄牛、水牛、马、山羊、绵羊、鹿、兔、猫、犬、鸡等多种动物，主要感染猫、绵羊、猪、犬。该病的终末宿主是猫及其他猫科动物。

感染弓形虫的猫和其他猫科动物是该病最主要的传染源。传播途径主要有接触被污染的粪便，摄入被污染的食物或水；输血或器官移植；伤口、黏膜接触和胎盘垂直传播。该病多呈隐性感染，但幼龄动物、胎儿多呈显性感染且症状重，病死率高。该病呈地方流行性或散发性，无明显季节性。

3. 人感染弓形虫的途径有哪些?

人对弓形虫普遍易感，免疫功能低下者，如接受免疫抑制治疗的患者、肿瘤患者、器官移植患者和艾滋病患者等更易感染。

弓形虫病传播途径分为先天性和获得性两种，先天性指通过胎盘感染；获得性指经口传播、接触传播、输血或者器官移植传播。

4. 人感染弓形虫的临床特征有哪些?

（1）获得性弓形虫病：大多数感染者是没有症状的隐性感染者，一旦发病，则主要表现为淋巴结、脑、眼、肝脏、心脏、肺等脏器受损害的相应症状。

（2）先天性弓形虫病：孕妇存在获得性弓形虫感染时，可通过垂直传播，感染胎儿，呈急性经过。妊娠早期感染，多引起流产、死胎或胎儿畸形。妊娠中期感染，多出现死胎、早产，患儿出生后可出现弓形虫脑病和眼病。妊娠晚期感染，胎儿出生时可正常，但出生后数月或数年，会逐渐出现心脏畸形、心脏传导阻滞、耳聋、小头畸形、智力低下等表现。

5. 动物感染弓形虫的临床特征有哪些?

猪对弓形虫具有一定的耐受力，感染后并不会表现出明显的临床症状，弓形虫在组织内形成包囊后呈现隐性感染的状态。发病猪主要有神经系统、呼吸系统以及消化系统症状。发病初期，病猪体温上升至42℃以上，并且有明显的稽留热，精神萎靡不振，呼吸急促，体表淋巴结，尤其是腹股沟淋巴结明显肿大，腹部或耳部出现淤血斑，或有较大面积的发绀。病情发展到后期，患病猪食欲显著降低甚至食欲废绝，同时出现便秘或拉稀的症状。

母牛的症状表现不一，有的只发生流产；有的出现发热、呼吸困难、虚弱、乳房炎、腹泻；有的则无任何症状，但可在其乳汁中发现弓形虫。犊牛可呈现呼吸困难、咳嗽、发热、腹泻等症状。

成年羊多数呈隐性感染，仅有少数有呼吸系统和神经系统的症状。有的妊娠母羊出现流产、产死胎或弱胎等症状。

6. 弓形虫病的一般性病理变化有哪些?

弓形虫可侵犯人畜体内任何器官，多发部位包括脑、眼、淋巴结、心脏、肺、肝脏和肌肉。弓形虫病的一般性病理变化可分为3种情况：一是速殖子增殖引起的病变，是该病的基本病变。表现为局部组织的坏死病灶，伴有单核细胞为主的急性炎症反应，后续坏死病灶可被新生细胞或疤痕组织取代，疤痕组织周围可见到包囊。二是包囊破裂引起的病变。包囊破裂释放出缓殖子，引起宿主产生迟发型变态反应，发生肉芽肿病变，后期病变组织被吸收或为疤痕组织所取代，肉芽肿病变内很难找到弓形虫，其边缘及附近正常组织内可见到游离的弓形虫或包囊。三是继发性病变。脑部多发，多表现为血管栓塞、组织梗死、脑钙化、脑积水、视力障碍。

7. 弓形虫病的典型剖检变化有哪些?

弓形虫病的典型病理变化常出现在肺、淋巴结和肝脏。

（1）肺：出血，有不同程度的水肿；小叶间质内充满半透明胶冻样渗出物，小叶间质增宽；有针尖至粟粒大出血点和灰白色坏死灶，切面流出多量带泡沫液体。

（2）淋巴结：髓样肿大，有粟粒大灰白色或黄色坏死灶和各种大小不一出血点。

（3）肝脏：呈灰红色，有散在针尖大到粟粒大灰白色或黄色坏死灶。

8. 弓形虫病的诊断方法有哪些?

弓形虫病的流行病学、临床症状和病理变化虽有一定的特点，但仍不能作为确诊的依据，应以查出病原体或特异性抗体为依据。

实验室诊断方法包括病原学诊断、血清学诊断、分子生物学诊断。

病原学诊断是弓形虫感染确诊的主要依据，检测到弓形虫虫体，即可确诊。检测方法包括涂片染色法、集虫镜检法和动物接种分离法或细胞培养法。

血清学诊断包括染色试验、间接血凝试验、间接荧光抗体试验和酶联免疫吸附试验。

9. 弓形虫病的预防措施有哪些?

（1）加强饲养管理，保证圈舍的干净卫生，每天打扫垃圾粪便，注意饲料和饮水的干净卫生。

（2）要对养殖场实行封闭式管理，禁止养殖猫、犬等宠物，发现有寄生虫感染时及时清除，合理定期驱虫。

（3）要避免与检疫状况不明的猫、犬等动物密切接触。

七、棘球蚴病

1. 什么是棘球蚴病?

棘球蚴病又名包虫病，是由细粒棘球绦虫和多房棘球绦虫的幼虫——棘球蚴，所引起的一种人畜共患的寄生虫病。该病在我国主要流行于西部牧区及半牧区。家畜中牛、羊、马、猪等均可感染，以羊和牛受害最重。

2. 感染棘球蚴病的流行病学特点有哪些?

除了人以外,该病也可在绵羊、山羊、猪、骆驼、牛和马等动物中发病。

该病的传染源为感染细粒棘球绦虫的犬,特别是野犬和牧羊犬。狼、狐狸、豺狼等虽也是终末宿主,但作为传染源的意义不大。

该病主要通过消化道传播。草食动物主要是由于采食了被污染的牧草或饮用了被污染的水源后感染;家犬和野生动物常因吃了病畜内脏而感染。人多因食用被虫卵污染的食物和水而感染,故该病与周围环境和个人卫生习惯密切相关。在干旱多风地区,当虫卵随风飘扬时,也有经呼吸道感染的可能。

该病一年四季都可发生,春季、冬季高发。

该病多为散发性,有时呈地方流行,在我国新疆发生最为严重,绵羊感染率在50%—80%,有的地区高达90.85%。该病及时治疗可痊愈,死亡率低。

3. 棘球蚴病的临床症状和剖检变化有哪些?

一般来说,棘球蚴病(包虫病)的病程缓慢,多数病人常常没有明显的症状,一般在体检或因其他疾病手术时发现,一些病人则是在死后进行尸检时发现。随着囊肿的逐渐长大,寄生部位的占位性压迫症状以及全身毒性症状逐渐明显。临床上根据棘球蚴所寄生的脏器,而命名为相应的包虫病。

(1)共性症状:包虫可在人体多部位寄生,临床表现颇为复杂,共同的表现为以下几个方面。

①压迫和刺激症状。在包虫囊寄生的局部有轻微疼痛和坠胀感,如肝包虫病常见肝区胀痛,肺包虫病常见呼吸道刺激症状,脑包虫病有颅内压增高等一系列症状。

②全身中毒症状。包括食欲减退、体重减轻、消瘦、发育障

碍等。

③局部包块。肝脏和腹腔包虫病常可触及不同大小的包块；包块的表面光滑，边界清楚。

④过敏症状。常见的有皮肤瘙痒、荨麻疹、血管神经性水肿等，包虫破裂时经常引起严重的过敏性休克。晚期病人可见恶液质现象。

（2）剖检变化：虫体包囊大小不等，小的如豌豆粒，大的有排球样大小。切开棘球蚴可见有液体流出，将液体沉淀，用肉眼或在解剖镜下可看到许多生发囊与原头蚴（即包囊砂）；有时肉眼也能见到液体中的子囊甚至孙囊；偶然还可见到钙化的棘球蚴或化脓灶。

4. 如何预防棘球蚴病？

（1）加强饮食卫生和个人卫生：勤洗手，不吃生食和生肉，不喝生水。接触犬、狼及狐狸后，饭前、便后一定要用肥皂和清洁水洗手。

（2）患病牛羊的肝脏、肺等内脏必须进行无害化处理，切忌喂犬。

（3）每月定期给犬驱虫，对犬驱虫后5天内的粪便进行深埋或焚烧等处理，防止污染环境。

八、钩端螺旋体病

1. 什么是钩端螺旋体病？

钩端螺旋体病是由致病性钩端螺旋体引发的一种广泛传播的，自然疫源性人畜共患病。猪、马、牛、羊、犬、猫等动物以及人类都可感染，并出现黄疸、流产、肝肾衰竭等病症，严重时还面临死亡的危险。鼠类和猪是两大主要传染源。

2. 钩端螺旋体病的流行病学特征有哪些?

钩端螺旋体的宿主众多,世界范围内收集到的有238种,我国已从67种动物中分离出钩端螺旋体,除鸟类和昆虫外,均已证明带菌和排菌。带菌的宿主动物可以长时间连续地通过尿液排出钩端螺旋体,污染土壤和自然水体。

钩端螺旋体主要通过受损皮肤或黏膜进入机体,感染宿主。

3. 人感染钩端螺旋体的途径主要有哪些?

钩端螺旋体主要通过接触含钩体的排泄物,或污染的水传播,包括进食被鼠尿污染的食物和水而感染,被鼠和犬咬伤后感染亦有报道。我国钩端螺旋体病的发生有散发,也有流行形势。

根据传播因素的具体情况,人感染钩端螺旋体的途径可分为常见的三类:一是稻田型,传染源多为鼠类,常发生于被鼠尿污染的稻田、水塘区,发病较集中。二是雨水型,常发生于地势低洼被污染的暴雨积水区,发病分散。三是洪水型,常发生在洪水泛滥区,发病较集中,大多与洪水有直接接触史,也可因间接接触被洪水污染的水井而感染。另外,因游泳、潮湿积水猪圈养猪引起的感染也有报道。

4. 钩端螺旋体病的临床症状有哪些?

该病潜伏期为7—14天,潜伏期后根据临床表现,可分为三期。

(1)早期(钩体血症期):起病后1—3天内,呈综合性起病,主要表现为39℃左右的发热,同时伴有全身痛、乏力、眼结膜充血、淋巴结肿大等,症状持续约7天。部分可有肝脏和脾脏肿大,出血倾向。

(2)中期(器官损伤期):起病后3—10天内,可有脏器的损伤,临床上分为流感伤寒型(较轻,无脏器损伤,有感染中毒症状)、肺出血型、黄疸出血型、肾衰竭型、脑膜脑炎型,表现为咳嗽、咳痰、咯血、黄疸、出血、意识障碍等。

（3）后期（恢复期或后发症期）：起病10天，热退后各种症状逐渐消退，但也有少数患者退热后可因免疫后反应而再次出现发热，或视力下降、肢体瘫痪、偏瘫、失语等其他后发症状。

5. 钩端螺旋体病的防治措施有哪些?

（1）控制传染源：灭鼠；加强对猪圈的管理，不让尿液、粪便流入附近水沟、池塘、稻田；加强检疫及预防，做好犬类检疫。

（2）切断传播途径：开沟排水，消除死水，兴修水利，搞好牲畜饲养场、屠宰场的环境卫生，流行季节、流行地区减少不必要的疫水接触等。

（3）保护易感人群：对于常年流行地区，流行前1个月可对易感人群接种灭活多价钩体菌苗，一般在4月底5月初接种；进入疫区短期工作的高危人群，可服用多西环素预防；对于高度怀疑受感染而无明显症状者，可每天肌注青霉素，连续注射3—4天。

九、沙门氏菌病

1. 什么是沙门氏菌病?

沙门氏菌病是由沙门氏菌属细菌引起的疾病总称，临床表现上主要分为胃肠炎型（即食物中毒）、伤寒型、败血症型。沙门氏菌主要为动物致病菌，也可通过污染的食品或水源等途径感染人类，成为人类的条件致病菌，如鼠伤寒沙门氏菌、肠炎沙门氏菌、猪霍乱沙门氏菌等。

2. 人感染沙门氏菌的主要途径有哪些?

家畜、家禽、鱼类、鼠类等均可带菌，甚至从蝉及某些昆虫中也可分离出沙门氏菌。

蛋、家禽和肉类产品是沙门氏菌病的主要传播媒介。该病通过消化道传播，人可因摄入染菌而未煮透的食物或饮料而引起沙门氏菌感染。感染程度主要取决于食入的沙门氏菌的数量、血清型、毒力和人体的状态等因素，受威胁最大的是小孩、老年人及免疫缺陷个体。

3. 沙门氏菌病的流行病学特点有哪些?

该病的传染源包括发病动物、隐性感染和康复带菌者。另外，健康动物带菌现象也比较普遍，包括带菌的野鸟、啮齿动物、蝇等，应多加注意。

该病的传播途径包括：消化道传播，污染的水源和饲料等；交配或人工授精；种蛋传播；呼吸道感染（家禽）。

各种年龄的畜禽均可感染沙门氏菌，幼龄动物更易感。幼龄动物的感染呈流行性，成年动物多为散发性。（1）猪沙门氏菌病（仔猪副伤寒）：常发生于6月龄以下的仔猪，以4月龄发生较多。（2）牛沙门氏菌病：出生30—40天后的犊牛最易感。（3）羊沙门氏菌病：断乳或断乳不久的羊羔最易感。（4）马沙门氏菌病：常发生于6月龄以内的幼驹。（5）鸡沙门氏菌病：3周龄以内的雏鸡最易感。

4. 人感染沙门氏菌的临床症状有哪些?

沙门氏菌各血清型的侵袭力极不相同，有些除引起胃肠炎外，很少引起其他症状，而猪霍乱沙门氏菌常侵入血流造成播散性感染。

（1）胃肠炎型：多在食用污染的食物12—24小时后突然起病，表现为腹痛、腹泻及发热，大便多呈水样，粪便中偶含有黏液或呈脓血便。中等发热，可伴有畏寒。健康的成年人，症状持续2—5天后可恢复，年老体弱者则可持续较长时间。呕吐、腹泻严重者，可发生严重脱水。炎症累及结肠下段时，可有里急后重感。

（2）伤寒型：多由猪霍乱沙门氏菌、鼠伤寒沙门氏菌等引起，出现类似于伤寒的表现。不同于伤寒的是该型的病情较轻，病程相对较短，一般为1—3周；虽腹泻明显，但很少并发肠出血和肠穿孔。

（3）败血症型：多发生于儿童或原有慢性疾病的成年人。各种沙门氏菌均可引起，但猪霍乱沙门氏菌经口进入后，早期即侵入血流，而肠道常无病变。该类型起病通常急骤，病人有高热、畏寒、出汗、乏力等表现，一般持续数天、一周或更长时间。部分患者可出现肠道外部位的局灶性感染，如关节炎、骨髓炎、脑膜炎、肾盂肾炎等。病变部位的感染为化脓性炎症，有不同程度的组织坏死及脓肿。

5. 猪沙门氏菌病的临床症状有哪些？

（1）急性型：又称败血型，多见于断奶前后2—4月龄的仔猪，体温升高至41—42℃，耳根、胸前、腹下皮肤上出现淤血紫斑，耳尖干性坏疽。后期见下痢、呼吸困难、咳嗽、跛行，经1—4天死亡。

（2）亚急性型和慢性型：为常见病型，体温升高至40.5—41.5℃。结膜发炎，上下眼睑粘连，有黏性、脓性分泌物。初便秘后腹泻，排灰白色或黄绿色恶臭粪便。部分病猪在病中后期出现皮肤弥漫性痂状湿疹。症状时好时坏，反复发作，持续数周，终致死亡或成僵猪。

6. 猪副伤寒剖检变化有哪些？

（1）急性型：主要表现败血症的剖检变化。耳根、胸部、腹部等部位皮肤有时可见淤血或出血，并有黄疸。全身浆膜、黏膜有出血斑。脾脏肿大，坚硬似橡皮，切面呈蓝紫色。肝脏和肾脏肿大、充血、出血。胃肠黏膜卡他性炎症。肠系膜淋巴结索状肿大，全身其他淋巴结也不同程度肿大，切面呈大理石样。

（2）亚急性型和慢性型：以纤维素性坏死性肠炎为主要特征，主要病变在盲肠、结肠和回肠后段。肠壁增厚，黏膜潮红，肠黏膜上覆有一层弥漫性坏死和灰黄色腐乳状物，强行剥离则露出红色、边缘不整的溃疡面。有的病例滤泡周围黏膜坏死，稍突出于表面，有纤维素样的渗出物积聚，常形成同心轮状溃疡面。肺常有卡他性肺炎或灰蓝色干酪样结节。肝脏、脾脏、肠系膜淋巴结常可见针尖大小、灰白色或灰黄色坏死灶或干酪样结节。

7. 鸡白痢的临床症状和剖检变化有哪些?

该病以2—3周龄雏鸡的发病率与病死率为最高，成年鸡呈慢性或隐性感染。

雏鸡：症状表现为怕冷，尖叫，减食或废食；排乳白色稀薄黏腻粪便，肛门周围污秽。剖检可见心肌、肺、肝脏、盲肠、肌胃肌层中有坏死灶或结节；盲肠中有干酪样物；出血性肺炎。

青年鸡：症状以拉稀，排黄色、黄白色或绿色稀粪为特征，病程较长。剖检变化主要是肝脏肿大，可达正常的2—3倍，暗红色至深紫色，有的略带土黄色，表面可见散在的坏死灶，质地极脆，易破裂，因此常见腹腔内积有大量血水，肝脏表面有较大的凝血块。

成年鸡：感染常无临诊症状。母鸡产卵量和种蛋受精率降低；少数病鸡的鸡冠发育不良、苍白，排灰白色稀粪；有些病鸡出现"垂腹"现象。剖检可见卵巢发育不良，卵泡变性、变形、变色、坏死，有的卵泡系带长而脆弱，卵泡落入腹腔，形成卵黄性腹膜炎。

8. 禽伤寒的临床症状和剖检变化有哪些?

雏鸡和雏鸭感染发病时，症状与鸡白痢相似。急性发病的鸡突然停食，排黄绿色稀粪。病死率为10%—50%或更高。雏鸡和雏鸭的剖检变化也与鸡白痢相似。成年鸡亚急性和慢性阶段，肝脏肿大，呈青铜色或绿色；肝脏和心脏有灰白色坏死灶；心包炎、腹膜炎，卵泡出血、变形；盲肠有土黄色干酪样栓塞物。

9. 禽副伤寒的临床症状和剖检变化有哪些？

雏鸡患该病常表现为下痢、泄殖腔粘有粪便，靠近热源拥挤在一起；雏鸭感染该病常见颤抖、喘息和眼睑水肿。成年鸡一般为隐性带菌者，偶尔有水泻症状。最急性死亡者，无可见典型病变，病程较长者可见肝脏、脾脏充血肿大，有针尖状和针尖大的灰白色坏死点；盲肠有干酪样内容物。

10. 牛、羊沙门氏菌病的临床症状有哪些？

牛、羊患该病的表现为下痢，粪便含有纤维素絮片、血块；脱水、消瘦、黏膜充血、发黄；肠和真胃黏膜潮红、出血，大肠黏膜脱落，有局限性坏死区；肠系膜淋巴结水肿和出血；肝脏脂肪变性、局灶性坏死；脾脏肿大、充血。

11. 如何防治沙门氏菌病？

（1）加强饲养管理，消除诱发因素，饲料等注意防止鼠类窃食，以免被排泄物污染，种蛋入孵前严格消毒。

（2）选用合适抗菌药物预防和治疗，必要时可以使用菌苗（猪、牛、马）。

（3）加强产地检疫和屠宰检验，病畜禽严格无害化处理。

十、牛结核病

1. 什么是结核病？

结核病是由结核分枝杆菌引起的一种人畜共患慢性传染病。该病以在多种组织器官形成结核结节性肉芽肿和干酪样坏死、钙化结节为特征。人尤其是儿童主要是通过饮用生牛奶或消毒不合格的牛乳而感染。

2. 结核分枝杆菌有几种类型?

结核分枝杆菌主要有3种类型：牛型、人型和禽型。

3. 结核分枝杆菌的抵抗力如何?

结核分枝杆菌的菌体中含有丰富的脂类，在外界环境中的生存力较强。对干燥和湿冷的抵抗力强，在干痰中能够生存10个月，在土壤中可存活7个月，在水中可存活5个月。该菌对热抵抗力差，60℃、30分钟即可被杀死。该菌在10%漂白粉中很快死亡，用碘化物消毒效果佳。该菌对磺胺类药物、青霉素及其他广谱抗生素不敏感；对链霉素、异烟肼、对氨基水杨酸、环丝氨酸、利福平等敏感。

4. 什么是牛结核病?

牛结核病主要是由牛型结核分枝杆菌引起的一种人畜共患的慢性传染病。OIE将其列为B类动物疫病，我国将其列为二类动物疫病。

5. 牛结核病的流行特点有哪些?

奶牛最易患该病，其次为水牛、黄牛、牦牛。人也可患该病。结核病病牛是该病的主要传染源。牛型结核分枝杆菌可随鼻汁、痰液、粪便和乳汁等排出体外，健康牛可因呼吸被污染的空气，饮食被污染的水、饲料等经呼吸道、消化道感染该菌。

6. 人感染牛型结核分枝杆菌主要有哪些途径?

人感染牛型结核分枝杆菌主要有以下途径：（1）经呼吸道感染。患结核病的牛咳嗽时，可将带菌飞沫排于空气中，健康人和牛吸入后，可引起感染。（2）经消化道感染。饮用被牛型结核分枝杆菌污染的牛奶、未经消毒或消毒不合理的牛奶，皆可引起人或动物发病。儿童饮用被牛型结核分枝杆菌污染的奶，可在咽部或肠部发病，也可引起咽部及锁骨上浅表淋巴结炎或在肠道引起肠系膜淋巴结炎。

7. 牛患结核病后主要有哪些临床症状?

牛结核病的潜伏期一般为10—45天,有的可长达数月或数年。牛结核病通常呈慢性经过,临床以肺结核、乳房结核和肠结核最为常见。

(1)肺结核:以长期顽固性干咳为特征,且以清晨最为明显。病牛容易疲劳,逐渐消瘦,病情严重者可见呼吸困难。

(2)乳房结核:病牛一般先是乳房淋巴结肿大,继而后方乳腺区发生局限性或弥漫性硬结,硬结无热无痛,表面凹凸不平;泌乳量下降,乳汁变稀,严重时乳腺萎缩,泌乳停止。

(3)肠结核:病牛消瘦,持续下痢与便秘交替出现,粪便常带血或脓汁。

8. 牛患结核病的主要剖检变化有哪些?

牛结核病以在多种组织器官形成结核结节性肉芽肿和干酪样坏死、钙化结节为特征,病灶最常见于肺、支气管肺门淋巴结、纵隔淋巴结,其次为肠系膜淋巴结和头颈部淋巴结。

9. 人患结核病后的主要症状有哪些?

人结核病主要由结核分枝杆菌感染引起,人型和牛型结核分枝杆菌对人均具有致病性。人感染结核分枝杆菌后不一定发病,潜伏期长短不一,有的可以潜伏10—20年,有的3—5年,也有的短至几个月。

人患结核病的临床表现是:常见于肺结核,呼吸道症状有咳嗽、咳痰或咳血。有时见有胸痛、胸闷或呼吸困难;咳痰量不多,但空洞时可多见,有时痰中有干酪样物。一般肺结核无呼吸困难,但大量胸腔积水、自发气胸或慢性纤维空洞性肺结核及并发呼吸衰竭和心力衰竭者常会出现呼吸困难。患者全身常有低热、盗汗、消瘦、乏力等症状,女性患者会发生月经不调。

10. 牛结核病的防治措施有哪些?

牛结核病的防治,主要采取综合性防治措施:防止疫病传入和净化污染牛群。

(1)防止结核病传入:无结核病健康牛群,每年春秋各进行一次变态反应检疫。补充家畜时,先就地检疫,确认阴性方可引进,运回隔离观察1个月以上再行检疫,阴性者才能合群。

(2)净化污染牛群:定期对牛群进行检疫,阳性牛必须予以扑杀,并进行无害化处理。

(3)培养健康犊牛群:病牛群更新为健康牛群的方法是,设置分娩室,分娩前消毒乳房及后躯,产犊后立即与乳牛分开,用2%—5%来苏尔消毒犊牛全身,擦干后送预防室,喂健康牛乳或消毒乳。犊牛应在6个月隔离饲养中检疫3次,阳性牛淘汰,阴性牛且无任何临床症状,放入假定健康牛群。

严格执行兽医防疫制度,每季度进行一次全场消毒,牧场、牛舍入口处应设置消毒池,牛舍、运动场每月消毒1次,饲养用具每10天消毒1次。如检出阳性牛,必须临时增加消毒,并对粪便进行堆积发酵处理。进出车辆与人员要严格消毒。结核病人不能饲养牲畜。有临床症状的病牛应按《动物防疫法》有关规定,采取严格扑杀措施,防止扩散。每年定期大消毒2—4次,牧场及牛舍出入口处设置消毒池,饲养用具每月定期消毒1次,检出病牛时,要做临时消毒。粪便经发酵后利用。

十一、日本血吸虫病

1. 什么是日本血吸虫病?

日本血吸虫病是危害严重的人畜共患寄生虫病,主要分布于长江流域以南十几个省市自治区。血吸虫病的病原为日本分体吸虫，成虫线状，雌雄异体，雄虫腹侧形成抱雌沟，雌虫居于其中，呈合抱状态。

2. 日本血吸虫的寄生部位及宿主各是什么?

（1）寄生部位：门静脉系统的小血管。

（2）血吸虫的宿主：①中间宿主，钉螺；②终末宿主，人和牛、羊、猪、犬、啮齿类及一些野生哺乳动物。

3. 日本血吸虫病的感染途径有哪些?

该病主要通过皮肤接触传染。人畜接触"疫水"，家畜吞食含尾蚴的水、草，都可能被感染。该病主要危害人，以及牛、羊等家畜和多种野生动物，家畜中耕牛、黄牛的感染率和感染强度一般均高于水牛。

4. 日本血吸虫病的临床症状有哪些?

黄牛的症状比水牛明显，犊牛症状比成年牛明显。黄牛或犊牛大量感染时，体温往往呈急性上升，可达40—41℃及以上；精神委顿，呆立不动；先腹泻继而下痢，粪便中带黏液、血液，或块状黏膜有腥恶臭；有的甚至出现肝硬化、腹水等症状；重者可因贫血衰弱而亡。

若有较好的饲养管理条件，可转变为慢性病例。患病犊牛表现为消化不良、发育迟缓，往往发育为"侏儒牛"。少量感染时，一般症状不明显而成为带虫牛，特别是成年水牛。母牛感染往往有不孕或流产现象。

5. 日本血吸虫病的剖检变化有哪些?

在患日本血吸虫病的人畜肠道各段均可找到虫卵结节，尤以直肠部分病变最为严重，常可见小溃疡、斑痕及黏膜增厚，肠系膜淋巴结增大。肝脏表面及切面可见粟粒大小虫卵结节，在感染后期肝脏会萎缩硬化。

6. 人感染日本血吸虫的症状有哪些?

人感染血吸虫的症状显著,常出现消化不良、黄疸、腹水、肝硬化等一系列的临床症状。慢性血吸虫病病人的典型症状是大肚子,主要是由肝硬化导致的腹水积聚所致。

7. 日本血吸虫的防治措施有哪些?

(1)加强粪便管理,防止污染水源。

(2)消灭中间宿主——钉螺。

(3)定期驱虫:常用驱虫药物有①硝硫氰胺,口服剂量为60毫克/千克;②吡喹酮,口服剂量为30毫克/千克。

十二、日本脑炎

1. 什么是日本脑炎?

日本脑炎又称流行性乙型脑炎,简称乙脑,是由流行性乙型脑炎病毒引起的一种中枢神经系统的急性、人畜共患的自然疫源性传染病。蚊虫为该病的传播媒介。《中华人民共和国传染病防治法》规定其为乙类传染病。我国《一、二、三类动物疫病病种名录》将其列为二类动物疫病。

2. 流行性乙型脑炎病毒对外界环境的抵抗力如何?

流行性乙型脑炎病毒对温度、乙醚、氯仿等敏感,100℃加热2分钟或56℃加热30分钟即可将其灭活。该病毒对低温和干燥的抵抗力强,冷冻真空干燥处理后在4℃冰箱中可保存数年。

3. 日本脑炎的流行病学特点有哪些?

(1)流行地区:该病流行地区广泛,我国除东北、西北的边远地区及高原地区外,均有流行。一般为农村高于城市,山区高于沿海地区。

（2）流行季节：该病在热带地区，全年有散发病例；在亚热带和温带地区有严格的季节性，绝大多数病例集中在7—9月，占全年发病数的80%—90%，在冬春季节几乎无病例发生，原因主要是蚊虫繁殖、病毒在蚊体内的复制以及蚊虫吸血活动受气温、雨量等自然条件的影响。

（3）发病年龄结构：该病发病以10岁以下儿童为主，占病人总数80%以上。

（4）发病形式：该病患者隐性感染多，临床发病者少，呈高度散发性，同一家庭同时有两个患者较为少见。

（5）传播环节复杂：在自然界该病的传染源多，传播媒介也多，动物间传播流行较普遍。

（6）流行规律及预测：流行性乙型脑炎病毒在自然界传播的基本环节已经明确，但流行规律还未完全认识。目前看来，引起大流行的因素归纳起来有3个比较重要的因素：①易感人群的增加；②气象因素：降雨量、气温；③猪自然感染时间的早晚和感染率的高低。

4. 日本脑炎的临床特征有哪些?

该病的潜伏期为10—15天。大多数患者症状较轻或呈无症状的隐性感染，仅少数出现中枢神经系统症状，表现为高热、意识障碍、惊厥等。

（1）轻型流行性乙型脑炎：患者体温为39℃，神志清楚，轻度嗜睡，头痛，呕吐不严重，无抽搐，脑膜刺激征不明显，约1周可恢复。

（2）普通型流行性乙型脑炎：患者体温为39—40℃，有意识障碍（昏睡或昏迷），头痛、呕吐、脑膜刺激征明显，偶有抽搐，病程为7—14天，多无恢复期症状。

（3）重型流行性乙型脑炎：患者体温持续在40℃以上，昏迷，反复或持续抽搐，瞳孔缩小，浅反射消失，深反射先亢进后消失，常有神经系统定位症状和体征，病程多在2周以上，恢复期有不同程度的精神异常和瘫痪等表现，部分患者留有不同程度的后遗症。

（4）极重型（暴发性）流行性乙型脑炎：患者起病急骤，体温1—2天内升至40℃以上，反复或持续性强烈抽搐，深昏迷，迅速出现中枢性呼吸衰竭及脑疝，如不及时抢救，常因呼吸衰竭而死亡，幸存者常留有严重后遗症。

5. 猪乙型脑炎的临床特征有哪些？

一般症状：该病的潜伏期一般为3—4天。病猪发病突然，体温升高，呈稽留热，持续数天或十余天；精神沉郁、嗜睡，食欲减少或废绝；粪便干燥呈球状，表面附有白色黏液。有的病猪可见有一过性的发热。个别病猪后肢呈轻度麻痹，步行跟跄；有的后肢关节肿胀而跛行。有的病猪出现神经症状，横冲直撞。

妊娠母猪多突发流产，多在妊娠后期，多产死胎、弱胎、木乃伊胎，产后症状减轻，康复后不影响下次配种；预产期不见腹部和乳房膨大，亦不见泌乳。流产胎儿的状态多种多样，大小不一，无一定的规律，不同阶段死亡的胎儿均有。

公猪除一般症状外，常发生睾丸肿胀，且多呈一侧性，也有两侧性的，程度不一，局部发热，有痛感，约数天后开始消退，多数缩小变硬，失去配种能力，精液带"毒"。

6. 猪乙型脑炎的剖检变化有哪些？

育肥猪：（1）病变存在于大脑及脊髓，但主要位于脑部，脑膜充血，脑脊髓液增多；脊髓膜浑浊、水肿。脑切面上可见粟粒或米粒大小的软化坏死灶。（2）脑内血管扩张、充血，小血管内皮细胞肿胀、坏死、脱落；血管周围环状出血；血管周围有淋巴细胞和单核细胞浸润，形成"血管套"。（3）神经细胞变性、肿胀与坏死。（4）胶质细胞增生。

流产母猪子宫内膜充血、出血、水肿及糜烂；黏膜下层和肌层水肿；胎盘炎性反应。

早产仔猪一般多为死胎或木乃伊胎。皮下水肿和胶样浸润，头肿大，脑内积液，全身肌肉褪色，似煮肉样。脑、脊髓膜充血，出血。各实质器官变性，散在点状出血，血液稀薄不凝固，胎膜充血并散在点状充血。

公猪切开睾丸可见鞘膜与白质间积液、充血；睾丸实质充血、出血、有坏死灶；附睾边缘和鞘膜脏层纤维性增厚、阴囊与睾丸粘连。

7. 猪乙型脑炎的防治手段有哪些?

该病以预防为主，尚无有效的药物可以治疗。

（1）防蚊、灭蚊：蚊虫是流行性乙型脑炎病毒的宿主，是该病毒传播的关键角色，因此防蚊、灭蚊是防治猪乙型脑炎的重要措施。平时要多注意清理卫生死角、疏通沟渠、填平洼地、防止积水，减少蚊虫的滋生。

（2）预防接种疫苗：种猪于6—7月龄（配种前）或蚊虫出现前20—30天注射疫苗两次（间隔10—15天），经产母猪及成年公猪每年注射1次。在乙型脑炎重疫区，为了提高防疫密度，切断传染锁链，对其他类型猪群也应进行预防接种。

（3）加强饲养管理：注意保持猪的营养均衡；加强猪舍通风，适当降低饲养密度，增强猪群抵抗力。

8. 如何防治日本脑炎?

（1）控制动物传染源：做好畜禽的免疫接种、疫病净化工作，并加强饲养管理。猪是乙脑传播的主要中间宿主，饲养场要做好环境卫生工作，可用中草药如青蒿、苦艾、辣蓼等在饲养地烟熏驱蚊，每半月喷灭蚊药一次。

（2）灭蚊：乙脑的传播者以三带喙库蚊为主，它是一种野生蚊种，主要滋生于稻田和其他浅水中。成蚊活动范围较广，在野外栖息，偏嗜畜血。因此，灭蚊时可采取稻田养鱼或洒药等措施，重点控制稻田蚊虫滋生。在畜圈内可通过喷洒杀虫剂灭蚊等。

（3）人群免疫：目前，国际上主要使用的乙脑疫苗有两种，即灭活疫苗（鼠脑提纯灭活疫苗和地鼠肾细胞灭活疫苗）和减毒活疫苗。人在预防接种疫苗后2—3周体内产生保护性抗体。

（4）对病人采取对症、支持和综合治疗：目前，尚无特效抗病毒药物治疗乙脑。在抢救病人时要把好高热、惊厥和呼吸衰竭"三关"。

十三、猪链球菌病

1. 什么是猪链球菌病？

链球菌属细菌为革兰氏阳性球菌，呈双球或长短不一的链状排列，该属细菌种类很多，广泛分布于自然界，在水、尘埃、动物体表、消化道、呼吸道、泌尿生殖道黏膜、乳汁等均有分布。链球菌属大多数为正常菌群，不致病，但有的种可引起多种动物及人发病，导致局部或全身感染而发生链球菌病。

猪链球菌病是由多种致病性猪链球菌感染引起的急性、热性人畜共患病。猪链球菌有多种型以及一些无法定型的菌株，引起猪发病的链球菌以Ⅱ型为主。猪链球菌Ⅱ型感染人可引起人类患动物源性脑膜炎，表现为脑膜炎、败血症、心内膜炎、关节炎和肺炎以及发热和严重的毒血症状。

2. 猪链球菌的抵抗力如何？

猪链球菌对热和一般消毒剂均敏感，60℃加热30分钟或者煮沸可使病菌立即死亡。2%的石炭酸或1%的煤酚皂溶液均能在3—5分钟内杀死猪链球菌。

3. 猪链球菌病的流行病学特点有哪些？

该病主要通过口鼻部感染，于扁桃体内增殖。链球菌是呼吸道常见的定居菌，可发生内源性感染。

该病可发生于各种年龄和品种的猪，3—12周龄的仔猪多发，断奶及混群时易出现发病高峰。

4. 猪链球菌Ⅱ型对人的致病性及感染途径有哪些？

猪链球菌Ⅱ型能导致人患脑膜炎、败血症、心内膜炎等。该病菌主要通过伤口侵入人体，与猪及猪肉有密切接触的人是高危人群，养猪场人员和屠宰场工人患猪链球菌病的概率大。

5. 猪链球菌病的临床症状有哪些？

依据临床表现不同，猪链球菌病可分为败血型、猪链球菌性脑膜炎（脑膜炎型）、猪淋巴结脓肿（淋巴结脓肿型）三种类型。

（1）败血型：又分为最急性、急性和慢性。①最急性：病猪突然停食，体温上升至42℃以上，精神沉郁，流浆性鼻汁，有的鼻液中带有血性泡沫，粪带血，腹下、四肢及耳部呈紫色，并有出血斑块。②急性型：病猪体温升高至41—42℃，呼吸困难，食欲减退、废绝，精神委顿，眼结膜充血，流泪，流浆液性鼻液、便秘、少尿色黄，颈部、耳廓、腹下及四肢下端皮肤呈紫红色，并有出血点。③慢性型：多由急性转变而来，主要表现为多发性关节炎，一肢或几肢关节肿胀、疼痛、高度跛行，甚至不能站立，严重的可瘫痪。

（2）脑膜炎型：多发生于哺乳仔猪和断乳仔猪，病初体温升高，流浆液性或者黏液性鼻液。主要特征为神经症状，如步态不稳、转圈；空嚼、磨牙；抽搐倒地、四肢呈游泳状划动，继而衰竭或者麻痹。

（3）淋巴结脓肿型：该型是由猪链球菌经口、鼻或皮肤损伤部位侵入而引起的。多见于断乳仔猪和育肥猪。主要表现为在颌下、咽部、耳下、颈部等部位的淋巴结化脓和形成脓肿，局部肿胀隆起，触诊硬固，有热痛变。

6. 猪链球菌病的防治措施有哪些？

（1）在猪链球菌病疫区和流行猪场可使用疫苗进行预防。由猪链球菌Ⅱ型制备的灭活疫苗预防该病效果较好，妊娠母猪可于产前4周进行接种；仔猪分别于30日龄和40日龄各接种1次；后备母猪于配种前接种1次。

（2）发生疫病时，对疫点内的健康猪和疫区内的猪可选用高敏抗菌药物进行紧急预防性给药，抗菌性药物可选用四环素、恩诺沙星或氧氟沙星以及磺胺类药物、头孢类药物等。预防和治疗用药应在当地动物防疫监督机构指导下使用。

（3）对污染的猪舍、污染物及其环境可用含氯制剂、过氧乙酸和氢氧化钠等消毒剂进行彻底消毒。

十四、旋毛虫病

1. 什么是旋毛虫病？

旋毛虫病是由旋毛形线虫所引起的一种人畜共患寄生虫病。多种动物均可感染，屠畜中主要感染猪。

2. 人患旋毛虫病的途径有哪些？

该病对人危害较大，可致人死亡。人患旋毛虫病多与吃生的或未煮熟的猪肉、狗肉，或食用腌制与烧烤不当的含旋毛虫包囊的肉类有关。临床表现有胃肠道症状、发热、眼睑水肿和肌肉疼痛。

3. 动物患旋毛虫病的临床症状有哪些?

动物患该病轻微者,大都有一定的耐受力,症状不明显。患该病严重者,表现为食欲减退、呕吐、腹泻,以后会因虫体移行而引起肌炎,出现肌肉疼痛、麻痹、运动障碍、声音嘶哑、发热等症状。

4. 旋毛虫病的防治措施有哪些?

(1)在旋毛虫病流行的地方,鼠感染旋毛虫的概率较高,因此灭鼠对控制旋毛虫病非常重要。同时,禁止猪敞放,实行圈养,以减少猪患该病的概率。

(2)加强对检疫人员的培训和管理。规范动物检疫行为,严格按规程检疫,增强检疫手段,各级屠宰场均应按照规定全面开展旋毛虫检验检疫工作,并且对病害肉严格按规程处理。

十五、囊尾蚴病

1. 什么是囊尾蚴病?

囊尾蚴病亦称囊虫病,是一种由于人或猪食入了猪带绦虫虫卵,虫卵发育成囊尾蚴,并寄生在人体或猪等动物体内各组织器官所引起的疾病。根据囊尾蚴寄生部位不同,可分为脑囊尾蚴病、眼囊尾蚴病、皮下组织及肌肉囊尾蚴病,其中,以脑囊尾蚴病最常见,且患者症状最严重。

囊尾蚴病是重要的人畜共患的寄生虫病。该病世界性流行,特别是在有吃生肉习惯的地区或民族中流行。

2. 囊尾蚴的寄生部位有哪些?

中绦期幼虫:猪囊尾蚴,寄生于肌肉,主要寄生于横纹肌,还可以寄生于脑、心脏、眼睛等器官。

成虫：猪带绦虫，寄生于人的小肠。

3. 囊尾蚴病的感染途径有哪些？

该病能在猪与人之间循环传播。猪囊尾蚴病的唯一感染源是猪带绦虫病人，因此猪的感染与人粪便管理和猪饲养管理方式密切相关。人感染猪带绦虫的途径主要是因为吃了生的或未煮熟的含猪囊尾蚴的猪肉。

4. 人感染猪带绦虫的临床症状有哪些？

人感染猪带绦虫，常会引起肠炎，导致腹痛、肠痉挛。同时，还会引起胃肠机能失调和神经症状，如消化不良、腹泻、便秘、消瘦、贫血等。猪囊尾蚴感染人后的危害程度取决于其数量和寄生的部位。猪囊尾蚴寄生于脑时，可引起癫痫发作，严重的可致死；寄生于眼内可导致视力减弱，甚至失明；寄生于肌肉皮下组织中，可使局部肌肉酸痛无力。

5. 猪囊尾蚴病的主要临床症状有哪些？

猪囊尾蚴对猪的危害不明显，严重感染时，可导致猪营养不良、贫血，以及肩胛和后臀部肌肉严重水肿（外观呈哑铃状或狮子形）；还可导致猪运动、呼吸、进食困难，舌根或舌的腹面有疙瘩。

对病猪进行剖检可见囊虫包埋在肌纤维间，如散在的豆粒，这样的肉称为"豆猪肉"或"米猪肉"。

6. 猪囊尾蚴病的防治措施有哪些？

（1）科学饲养。推广规模化和集约化养殖，在猪采取圈养时，要尽可能将人厕建在远离猪圈的地方，不让猪有吃到人粪的机会，从而切断猪囊虫的生活史。

（2）严格执行屠宰检疫，有囊尾蚴的猪应全尸作工业用或者作无害化处理。

（3）积极防治人绦虫病。开展猪囊尾蚴流行区内居民带绦虫病的普查，消灭囊虫病原。人驱虫后排出的虫体和粪便应彻底进行无害化处理。

十六、马鼻疽

1. 什么是马鼻疽?

马鼻疽是由鼻疽杆菌引起的马、骡、驴等马属动物和人的一种高度接触性、传染性、致死性的人畜共患传染病。

患该病的人畜会在鼻腔、喉头、气管黏膜或皮肤上形成特异性鼻疽结节、溃疡和瘢痕；在肺、淋巴结或其他实质器官发生鼻疽性结节为主要特征。目前，我国已基本控制该病。

2. 马鼻疽的流行病学特征有哪些?

马、骡和驴最易感染马鼻疽，羊、猫、犬、骆驼、家兔、雪貂等也能感染鼻疽杆菌，牛、猪和家禽对鼻疽无自然感染。

该病主要经呼吸道、消化道传播。鼻疽杆菌也可通过破损皮肤与眼、鼻、口腔等黏膜侵入人体，个别的可经胎盘和交配传染。人主要因接触病畜或染有致病菌的物品而感染。

3. 动物患马鼻疽的主要临床特征有哪些?

该病在临床上可分为急性和慢性两种。不常发病地区，马、骡、驴的鼻疽多为急性经过；常发病地区，马的鼻疽主要为慢性型。

（1）急性鼻疽：多见于驴、骡。表现为体温升高，一般为39—41℃，呈不规则；精神沉郁，食欲不振，颌下淋巴结肿胀，有痛感。重症病马心脏衰弱，在胸腹下、四肢下部及阴部呈现浮肿。又可分为肺鼻疽、鼻腔鼻疽和皮肤鼻疽。

①肺鼻疽。最常见，主要以肺部病变为特征。

②鼻腔鼻疽。病初流出浆液性或黏液性鼻液，之后上呼吸道出现结节，结节坏死后，形成溃疡；结节破溃后，流出分泌物，带血、黏性、脓性，溃疡愈合形成放射状或冰花状疤痕。鼻腔发病时，同侧颌下淋巴结肿胀。

③皮肤鼻疽。极少见，四肢、胸侧和腹下等处皮肤发生结节、脓疱、溃疡。后肢皮肤发生鼻疽，明显肿胀变粗，出现鼻疽性象皮病。

（2）慢性鼻疽：病程较长，可持续数月，甚至数年。病变仅局限于内脏，症状不明显或无任何症状。

4. 马鼻疽的特征性剖检变化有哪些？

多见于肺脏，占95%以上，包括鼻疽结节和鼻疽性肺炎。

其次是鼻腔、皮肤、淋巴结、肝脏及脾脏等处，可见鼻疽结节、溃疡及疤痕。慢性病例表现为鼻中隔和气管黏膜溃疡愈合，形成放射状瘢痕。

5. 马鼻疽对人有什么危害？

人患马鼻疽主要有两种类型：急性型和慢性型。

（1）急性型：潜伏期约1周，突然高热；颜面、躯干、四肢皮肤出现天花样的疱疹；四肢深部肌肉出现疖肿，膝、肩等关节肿胀；贫血、黄疸、咯脓血痰；极度衰竭，如不及时治疗，常因脓毒血症而死亡。

（2）慢性型：潜伏期长，发病缓慢，病程长，反复发作。

6. 马鼻疽的防治措施有哪些？

目前，对于马鼻疽尚无有效疫苗预防。

（1）加强饲养管理，做好消毒等基础性防疫工作，提高动物抗病能力。

（2）抓好检疫，控制和消灭传染源，定期并及早检出病马，严格处理病马，切断传播途径；加强饲养管理，采取养、检、隔、处、消等综合性防控措施。

十七、李氏杆菌病

1. 什么是李氏杆菌病？

李氏杆菌病是由李氏杆菌引起的一种散发性人畜共患传染病。家畜和人以脑膜脑炎、败血症、流产为特征；家禽和啮齿类动物以坏死性肝炎、心肌炎及单核细胞增多症为特征。

2. 人感染李氏杆菌的途径有哪些？

人食入被李氏杆菌污染的食物是感染李氏杆菌常见的原因。患该病的人2.5%—10%是无症状健康带菌者，偶有散发病例。孕妇感染李氏杆菌会出现类似流感症状，可致胎儿流产。细胞免疫水平低下的成人及儿童感染该菌时可出现神经症状。兽医及从事相关职业的人员易患皮肤型李氏杆菌病，在抵抗力降低时会发展为全身性感染。

3. 李氏杆菌在环境中的抵抗力如何？

李氏杆菌耐碱不耐酸，低温可延长其存活时间，55℃湿热40分钟可将其杀死。该菌抗干燥能力强，在干粪中能存活2年以上，在4℃耐盐高试验中存活率达30.5%。在饲料中，该菌夏季可存活1个月，冬季可存活3—4个月。常用消毒药5—10分钟能杀死该菌。该菌对氨苄青霉素等敏感，对土霉素等敏感性差，对磺胺、枯草杆菌素和多黏菌素有抵抗力。

4. 李氏杆菌病的流行病学特点有哪些？

多种动物对李氏杆菌易感，已查明的有42种哺乳动物和22种鸟类。家畜中以绵羊、猪、家兔发病多，牛、山羊次之，马、犬、猫很少发病；家禽以鸡、火鸡、鹅较多发病，鸭极少感染该菌；野禽、野兽和啮齿动物也易感，尤以鼠类易感性最高，是该菌的自然贮存宿主。

患病动物和带菌动物是该病的传染源，患病动物的粪、尿、乳汁、精液以及眼、鼻、生殖道的分泌物都可分离到该菌。该病主要经消化道、呼吸道、眼结膜、皮肤损伤等途径传播，饲料、饮水也是主要的传染媒介。该病一年四季都可发生，以冬春季节多见，夏秋季节只有个别病例。该病多为散发性，有时呈地方性流行，发病率低，但致死率高。

5. 反刍动物李氏杆菌病的临床症状有哪些?

（1）一般症状：初期患病牛羊突然出现食欲废绝，精神沉郁、呆立、低头垂耳，轻热、流涎、流鼻液、流泪，不随群行动，不听驱使的症状。不久就出现头颈一侧性麻痹和咬肌麻痹，该侧耳下垂、眼半闭，乃至丧失视力，沿头的方向旋转或作圆圈运动，遇障碍物则以头抵靠不动。颈项强硬，有的呈现角弓反张。由于舌和咽麻痹，水和饲料都不能咽下。有时于口颊一侧积聚多量没嚼烂的草料，可见大量持续性的流涎，出现严重的鼻塞音。最后倒地不起，发出呻吟声，四肢呈游泳样动作，死于昏迷状态。

（2）典型症状：病初发热，羊体温可升高1—2℃，牛表现轻热；神经症状，如舌麻痹，头颈呈一侧性麻痹，常沿头的方向转或做圆圈运动，角弓反张；妊娠母牛（羊）流产；羔羊、牛犊常发生急性败血症，很快死亡。

6. 猪李氏杆菌病的临床症状有哪些?

（1）一般症状：多数病猪表现为脑炎症状，病初意识障碍，兴奋、共济失调、肌肉震颤、无目的地走动或转圈，或不自主地后退，或以头抵地呆立；有的头颈后仰，呈观星姿势；严重的倒卧、抽搐、口吐白沫、四肢乱划动，遇刺激时则出现惊叫，病程3—7天。较大的猪呈现共济失调，步态强拘，有的后肢麻痹，不能起立，或拖地行走，病程可达半个月以上。

（2）典型症状：①败血型和脑膜炎型混合型多发生于哺乳仔猪。仔猪突然发病，体温升高至41—41.5℃，不吮乳，呼吸困难，粪便干燥或腹泻，排尿少，皮肤发紫，后期体温下降，病程1—3天。②单纯脑膜脑炎型大多发生于断奶后的仔猪或哺乳仔猪。病情稍缓和，体温与食欲无明显变化，脑炎症状与混合型相似，病程较长，终归死亡。

7. 家禽李氏杆菌病的临床症状有哪些？

该病主要危害2月龄以下的雏鸡。家禽发病前无明显临诊症状，突然发病；病初精神委顿，羽毛粗乱，离群孤偶，下痢，食欲不振，鸡冠、肉髯发绀，严重脱水，皮肤呈暗紫色。随病程发展，病禽两翅下垂，两腿软弱无力，行动不稳，卧地不起，倒地侧卧，两腿不停划动；有的则表现为无目的地乱跑、尖叫、头颈侧弯、仰头，腿部发生阵发性抽搐，神志不清，最终死亡，病程1—3周。患病雏鸡的死亡率可高达85%以上。

鸡的李氏杆菌病多与寄生虫病、鸡白痢、鸡白血病等合并发生，可导致症状复杂化。

8. 李氏杆菌病的剖检变化有哪些？

（1）神经性变化：神经症状型病畜，脑膜和脑常发生充血、水肿，脑脊髓液增加，稍浑浊，脑干变软，有细小脓灶，血管周围单核细胞浸润。

（2）败血型变化：败血型可见全身性败血变化，脾脏肿大，心外膜下出血和肝脏有灰白色粟粒状坏死灶。

（3）子宫炎性变化：常伴有流产和胎盘滞留，但子宫内的微生物和炎症很快消失。胎盘病变显著，绒毛上皮坏死，顶端附有内含细菌的脓性渗出物。在子宫内早期死亡的胎儿，自溶常掩盖了轻微的败血性病变，如胃肠黏膜充血，气管黏膜、心外膜和淋巴结出血，卡他性肺炎以及肝脏和脾脏等的变性和坏死灶。在子宫内后期死亡和流产的胎儿，由于病变已充分发展，不易为自溶所掩盖，故常在肝脏、有时在脾脏和肺可见到粟粒性坏死灶。

9. 李氏杆菌病如何预防?

目前，尚无有效的疫苗用于李氏杆菌病的预防，应从检疫和加强饲养管理方面努力，控制该病的传播。

人李氏杆菌病的预防，务必做到肉类要煮熟，蔬菜水果必须清洗干净，不要喝生的牛奶，勤洗手以及保持刀具、餐具的清洁。

十八、类鼻疽

1. 什么是类鼻疽?

类鼻疽是由类鼻疽伯克氏菌感染所致的人畜共患传染病。发病区域一般在北纬20°至南纬20°之间的热带地区。类鼻疽主要侵犯的器官是肺部，常导致肺炎、肺部空洞，也可侵犯肝脏、脾脏、肾脏、皮肤等器官。

2. 类鼻疽的流行病学特点有哪些?

类鼻疽主要见于热带地区，流行于东南亚地区。流行区的水和土壤常含有该菌，可在外界环境中自然生长，不需任何动物作为贮存宿主。

类鼻疽主要的传染途径有皮肤伤口接触受病原菌污染的土壤或水；食入受污染的土壤或水，或吸入受污染的尘土；吸血蚊虫叮咬。

类鼻菌假单胞菌侵袭动物的范围极其广泛，家畜中猪和羊易感。该菌可随感染动物的迁移而扩散，并污染环境，形成新的疫源地。

3. 类鼻疽的临床症状与剖检变化有哪些?

该病潜伏期一般为4—5天，也有感染后数月、数年，甚至长达20年后发病的，即所谓"潜伏型类鼻疽"，此类病例常因外伤或其他疾病而诱发。

仔猪常呈现急性经过，易死亡。成猪多为慢性，往往屠宰时才被发现，临床上表现为发热，呼吸增速，运动失调，有脓性眼、鼻分泌物，四肢及睾丸肿胀。剖检时常在肺、肝脏、脾脏及所属淋巴结见有大小不一的脓肿，尤以脾脏、肺、颌下淋巴结及胸腔内淋巴结多见。

绵羊及山羊有时表现发热、咳嗽、呼吸困难、眼和鼻有分泌物、跛行、有的呈现后躯麻痹等神经症状。母羊可发生乳房炎。剖检时可见有关节损害，脏器和淋巴结（特别是肺和纵隔淋巴结）有小的脓肿或结节。

4. 人患类鼻疽的临床症状有哪些?

人患类鼻疽的临床症状常表现为3种类型：急性型、亚急性型和慢性型。

（1）急性型：人骤然起病，全身症状严重，有高热、肺炎、重症胃肠炎等表现，可在2—4天内死亡。

（2）亚急性型：多数病人属此型，病程可达数周。原发损害在皮肤则出现脓疱或脓肿，伴淋巴结炎、淋巴管炎，严重者出现坏血症或全身多脏器脓肿；吸入感染则以肺部症状为主。绝大多数患者有发热及全身性感染表现。

（3）慢性型：以肺部感染症状及内脏转移性小脓肿为多见，常伴有发热及衰竭或严重的荨麻疹表现。

5. 类鼻疽的预防措施有哪些?

目前,尚无理想方法预防类鼻疽,平时应尽量避免用破损的皮肤接触被类鼻疽假单胞杆菌污染的水和土壤。患者及病畜的排泄物和脓性渗出物应彻底消毒;接触患者及病畜时应注意个人防护,接触后应作皮肤消毒;疫源地应进行终末消毒,并采取杀虫和灭鼠措施。

十九、片形吸虫病

1. 什么是片形吸虫病?

片形吸虫病是指由肝片形吸虫和巨片形吸虫寄生于草食性哺乳动物的肝胆管内或人体,而引起人畜共患的寄生虫病。该病是严重危害牛、羊等动物的寄生虫病之一,感染率高达20%—60%,对畜牧业发展有严重影响。肝片吸虫对终宿主选择不严格,人体并非适宜宿主,故异位寄生较多,临床表现较为复杂多样,并较为严重,主要为由幼虫在腹腔及肝脏所造成的急性期表现及由成虫所致胆管炎症和增生为主的慢性期表现。

2. 片形吸虫的发育史是怎样的?

卵→毛蚴→胞蚴→雷蚴→尾蚴→囊蚴→童虫→成虫

片形吸虫的主要中间宿主为小土窝螺和斯氏萝卜螺,成虫寄生于动物肝脏胆管内,牛、羊吞食含囊蚴的水或草而感染。

3. 片形吸虫病的流行病学特点是什么?

片行吸虫病主要分布于温带和亚热带地区,并呈地方性流行,尤其在低洼和沼泽地带的牧区,动物发病更为严重。由于片形吸虫的生长发育与中间宿主关系紧密相连,所以片形吸虫病多发生在雨水丰沛的夏秋两季和地区。

人感染片形吸虫可能是食生水、生蔬菜所致。因此，在牧场中应改良排水渠道，消灭中间宿主，禁止饮食生水、生菜。

4. 片形吸虫病在童虫移行期引起的临床症状和剖检变化有哪些?

一次感染大量囊蚴，童虫在移行阶段机械性损伤，破坏肠壁、肝包膜、肝实质及微血管，引起炎症和出血，肝脏肿大，肝包膜上有纤维素沉积出血，肝实质内有暗红色虫道，虫道内有凝血块和幼小的虫体。如果吞食大于2 000个囊蚴，可引起急性死亡，初期体温升高，精神沉郁，食欲减退或废绝衰弱，迅速贫血；可视黏膜苍白，肝区叩诊浊音扩大，压痛，出现腹水；出现症状后3—5天内死亡。

5. 片形吸虫病在成虫胆管寄生期引起的临床症状和剖检变化有哪些?

成虫寄生于肝胆管，通过机械作用和毒性作用引起慢性胆管炎、慢性肝炎、贫血等症状；可导致肝脏先肿大后萎缩硬化，胆管扩张、增厚，胆管内壁有盐类沉积，刀切有沙沙声堵塞。

6. 片形吸虫病的诊断方法有哪些?

片形吸虫病的诊断方法主要包括病原学诊断方法、免疫学诊断方法及分子生物学诊断等方法。病原学诊断方法中的虫卵检查法虽然具有较好的特异性，但它不适用于片形吸虫病的早期诊断。ELISA诊断方法是目前应用较多的免疫学诊断方法，具有较好的特异性和敏感性。通过PCR扩增提取感染动物粪便中的片形吸虫虫卵DNA的特异性片段，也可确诊。

7. 怎样防治片形吸虫病?

目前，片形吸虫病的防治还是主要依赖于化学药物，包括三氯苯哒唑（肝蛭净）、吡喹酮、阿苯达唑、硝氯酚、硫双二氯酚（别丁）、硫溴酚、丙硫咪唑（抗蠕敏）、碘醚柳胺以及四氯化碳等。其中，三氯苯哒唑的治疗效果是目前世界公认最好的，也是全世界应用范围最广的兽用片形吸虫驱虫药。三氯苯达唑对急性感染期的幼虫效果最明显，碘醚柳胺对幼虫和成虫均有较好的作用，阿苯达唑和硝氯酚则对幼虫无效；吡喹酮和阿苯达唑对人片形吸虫病治疗无效，三氯苯达唑能有效治疗，硫双二氯酚有较强泻下作用，四氯化碳刺激性强；丙硫苯咪唑、硝氯酚只对体内成虫有效，对幼虫及体表寄生虫无效。

二十、鹦鹉热

1. 什么是鹦鹉热？

鹦鹉热是一种由鹦鹉热衣原体感染引起的人畜共患病。最初发现该病多见于玩赏鹦鹉者，故命名为鹦鹉热。临床上多表现为腹泻或没有症状的隐性感染。人类多通过吸入含有病原体的气体粉尘或密切接触患病的动物而感染。

2. 鹦鹉热的流行病学特征有哪些？

患病的鸟类和禽类是该病的主要传染源，包括鹦鹉、长尾鹦鹉、相思鸟、金丝雀、鸽子、海鸥及其他鸟类，鸭等家禽也可成为传染源。

人可经呼吸道吸入含有病原体的气体或者密切接触患病动物及其污染的分泌物、排泄物等被感染。长期接触鸟类、禽类的宠物爱好者，宠物店员工，饲养家禽的工人以及兽医等容易患该病。

3. 人患鹦鹉热的临床症状有哪些？

根据起病快慢和病情进展，患者症状会有所不同。该病的潜伏期为1—2周，之后开始出现症状。大部分患者起病急，表现为突发的寒战、高热，体温较高时会有不同程度的头痛、肌肉酸痛，多数患者还会出现咳嗽、干咳，有时痰中带有血丝；当有肺炎或病变更重时，可出现胸痛、呼吸困难、急促、缺氧、烦躁等表现。此外，该病的缓慢发病和隐性感染者症状与急性起病者类似，但持续时间更长。

4. 如何预防鹦鹉热？

（1）加强对鸟类、禽类动物的检疫管理，避免患病鸟禽进入市场，尤其应该注意无症状的隐性感染鸟禽。

（2）定期清理鸟禽粪便，对患病鸟禽进行治疗、隔离，以免传染其他健康动物及人类。

（3）鸟禽养殖人员及运输人员，应佩戴好口罩、手套等防护装备，在接触粪便后，应用肥皂或消毒液洗手。患者应避免密切接触鸟禽，必要时注意防护，勤洗手，避免再次感染。

二十一、Q热

1. 什么是Q热？

Q热是由贝氏柯克斯体引起的一种自然疫源性人畜共患传染病。多种动物和禽类均可受其侵害，但多为隐性感染，不出现临床症状。

2. Q热的流行病学特点有哪些？

该病一年四季均可发生，但在农村、牧区多见于春季接羔、产犊时期。宿主广泛，如黄牛、水牛、绵羊、马、猪、犬、家禽等均对Q热有易感性。感染Q热的家畜、野生动物、人和蜱均可携带贝氏柯克斯体。患病的动物通过胎盘、乳汁和粪尿排出病原。山羊感染贝氏柯克斯体非常广泛，感染率各地差异很大，该病仅见孕山羊发生流产，一般多呈散发，有时可在孕羊群中暴发流行。

3. Q热对动物的危害有哪些?

家畜感染贝氏柯克斯体后,主要呈隐性经过。在反刍动物中,病原体侵入血流后可局限于乳房、体表淋巴结和胎盘,一般几个月后可清除感染。极少数病例出现发热、食欲不振、精神委顿,间或有鼻炎、结膜炎、关节炎、乳房炎等症状。部分绵羊、山羊和牛在妊娠后期可能发生流产。

4. Q热的临床特征有哪些?

Q热潜伏期长短不一,短则9—26天,也可长达2—3个月。临床表现形式多样,主要取决于进入体内病原体的数量、株别、个体的免疫力,以及基础疾病。

(1)自限性发热:为Q热最常见的临床表现形式。仅有发热,不出现肺炎,病程呈自限性,一般为2—14天。

(2)Q热肺炎:临床上可表现为不典型肺炎、快速进展型肺炎和无肺部症状型肺炎3种形式。起病大多较急,也有缓慢起病,几乎所有患者均有发热,伴有寒意或寒战,体温于2—4日升高至39—40℃,呈弛张型;多数患者有明显的头痛;除发热、头痛外,还有肌肉疼痛、脸及眼结膜充血、腹泻、疲乏大汗、衰竭等表现,偶有眼球后疼痛及关节痛,无皮疹。

(3)慢性Q热:目前,该型病例日益增多,值得重视。发热常持续数月以上,临床表现多样化,除易并发心内膜炎、肺炎、肝炎等外,也可伴有肺梗死、心肌梗死、间质性肾炎、关节炎和骨髓炎等,可单独或联合出现。

5. 人患Q热的临床症状有哪些?

人患Q热后,可引起体温升高、呼吸道炎症。多数患者突然发生剧烈头痛、高热,并常有间质性非典型肺炎。少数患者出现慢性肝炎或致命性心内膜炎。人普遍易感,病后有持久免疫力。

6. Q热的防控措施有哪些?

（1）注意家畜、家禽的管理，对病畜分娩期的排泄物、胎盘及其被污染的环境应进行彻底的消毒处理。

（2）实验室人员、兽医、饲养人员以及屠宰场、肉食加工厂、乳制品厂及其他从事畜产品加工的人员，必须按防护条例进行工作，加强集体和个人预防。

（3）对接触家畜机会较多的工作人员给予疫苗接种，以防感染；牲畜也可接种疫苗，以降低发病率。

二十二、利什曼原虫病

1. 什么是利什曼原虫病?

利什曼原虫病，又称黑热病，是由利什曼原虫所致的人畜共患慢性寄生虫疾病。原虫主要寄生于病人体内的巨噬细胞里，双翅目昆虫白蛉为该病传播媒介。

临床特征主要表现为长期不规则的发热、脾脏肿大、贫血、消瘦、白细胞减少和血清球蛋白增加。

2. 利什曼原虫病的传播途径是什么?

利什曼原虫病的传染源多为病人或者病犬。其中，杜氏利什曼原虫病的传染源多为病人，病犬少见；婴儿利什曼原虫病的传染源多为病犬。该病可通过各种白蛉的叮咬传播，包括中华白蛉、长管白蛉等。某些野生动物也可感染利什曼原虫。

3. 人患利什曼原虫病的主要症状有哪些?

利什曼原虫病的症状大都是逐渐发生的。起初一般有不规则发热，脾脏随之肿大，并伴有咳嗽及腹泻。病人在发病2—3个月以后，临床症状日益明显。（1）发热是利什曼原虫病最主要的症状，且热型极不规则,升降无定,有时连续,有时呈间歇或弛张,有时在一天内可出现两次升降,称双峰热,在早期较常见。(2)脾脏肿大在初次发热半个月后即可触及,至2—3个月时脾肿的下端可能达到脐部,半年后可能超过脐部,最大的可达耻骨上方。肿大的脾脏在疾病早期时都很柔软,至晚期则较硬。脾脏表面一般比较平滑,且无触痛。(3)有半数左右的病人肝脏呈肿大。肝脏肿大出现常晚于脾脏肿大,肿大程度也不如脾脏肿大明显。(4)患者常有口腔炎,除黏膜有溃疡外,齿龈往往腐烂,且易出血。患者食欲减退,常有消化不良及食后胃部饱胀的感觉,甚至可引起恶心、呕吐及腹痛等症状。

4. 犬患利什曼原虫病的主要症状有哪些?

犬利什曼原虫病通常会导致犬不规则的体温升高、消瘦、精神沉郁、多饮多尿、咳嗽、呕吐,肝脏、脾脏、淋巴结肿大,头部和腿部周围毛发脱落,皮肤和黏膜形成肥厚或溃疡病变等症状。

5. 利什曼原虫病的预防手段有哪些?

(1)消灭病犬:在利什曼原虫病流行区,及时使用病原检查或血清学方法查出病犬,并进行处理。

(2)灭蛉:在白蛉季节内查见病人后,可用杀虫剂喷病人住家及其四周半径15m之内的住屋和畜舍,以歼灭停留在室内或自野外入侵室内吸血的白蛉。

(3)防蛉:①提倡使用蚊帐,以2.5%溴氰菊酯在白蛉季节内浸蚊帐一次,能有效保护人体免受蚊、蛉叮咬。提倡装置浸泡过溴氰菊酯(剂量同上)的细孔纱门纱窗。②在疫区内,可在白蛉季节内用2.5%溴氰菊酯药沐浴或喷淋犬体,以杀死或驱除前来刺叮吸血的白蛉。夜间在野外执勤人员,应在身体裸露部位涂擦驱避剂,以防止白蛉叮咬。

二十三、华支睾吸虫病

1. 什么是华支睾吸虫病?

华支睾吸虫病是由华支睾吸虫寄生于肝内胆管所引起的寄生虫病,是在我国流行极为广泛的一种重要的人畜共患吸虫病。人类常因食用未经煮熟,含有华支睾吸虫囊蚴的淡水鱼或虾而被感染。

2. 华支睾吸虫的宿主有哪些?

(1)中间宿主:①第一中间宿主为淡水螺。在我国,主要为纹沼螺、长角涵螺、赤豆螺和方格短沟螺。②第二中间宿主为淡水鱼类和虾。在我国有70余种淡水鱼类,以鲤科鱼类为最多,还有小型鱼——船丁鱼和麦穗鱼。淡水虾有细足米虾和巨掌沼虾。

(2)终末宿主:包括人、猫、犬、猪、鼠类、鼬、獾、野猫、狐狸等。

(3)寄生部位与危害:华支睾吸虫主要寄生在肝脏胆管和胆囊内,可导致肝脏肿大和其他肝病变。

3. 华支睾吸虫病的流行病学特征有哪些?

华支睾吸虫病的传染源为病人和带虫者,中间宿主分布广泛,第二中间宿主为淡水鱼虾,在我国有70多种。

猫、犬可因食生鱼类而感染,猪散养或以生鱼及其内脏作饲料而受感染。人也可因食生的或未经煮熟的鱼虾类而感染。

4. 华支睾吸虫病的临床症状有哪些?

多数动物为隐性感染,临床症状不明显。严重感染时,出现消化不良、食欲减退、下痢、贫血、水肿、消瘦,甚至腹水等症状,肝区叩诊有痛感。病程多为慢性经过,往往因并发其他疾病而死亡。

华支睾吸虫感染可引起胆管上皮细胞增生而致癌变也已成为专家的共识。世界卫生组织（WHO）于2009年2月确定华支睾吸虫为致胆管癌的类致癌因素。

5. 华支睾吸虫病的诊断方法有哪些?

感染早期症状不明显，以粪便检出虫卵或尸体剖检出虫体为准。

实验室检测方法有酶联免疫吸附试验、间接血凝试验和间接荧光抗体试验。

6. 华支睾吸虫病的防治方法有哪些?

（1）对流行区的易感动物定期检查和驱虫；禁止用生的鱼虾喂动物；管理好人和动物粪便，防止污染水塘；消灭第一中间宿主淡水螺。

（2）对人来说，要养成良好的饮食习惯，不吃生的或者半生的淡水鱼虾，食用前应将其彻底加工熟，注意案板、刀具、筷子等餐具生熟分开，定期煮沸消毒。

第三部分
相关检疫规程

一、生猪产地检疫规程

1. 适用范围

本规程规定了生猪产地检疫的检疫范围及对象、检疫合格标准、检疫程序、检疫结果处理和检疫记录。

本规程适用于中华人民共和国境内生猪的产地检疫。

2. 检疫范围及对象

2.1 检疫范围

《国家畜禽遗传资源目录》规定的猪。

2.2 检疫对象

口蹄疫、非洲猪瘟、猪瘟、猪繁殖与呼吸综合征、炭疽、猪丹毒。

3. 检疫合格标准

3.1 来自非封锁区及未发生相关动物疫情的饲养场（户）。

3.2 实行风险分级管理的，来自符合风险分级管理有关规定的饲养场（户）。

3.3 申报材料符合本规程规定。

3.4 按照规定进行了强制免疫，并在有效保护期内。

3.5 畜禽标识符合规定。

3.6 临床检查健康。

3.7 需要进行实验室疫病检测的，检测结果合格。

4. 检疫程序

4.1 申报检疫

货主应当提前3天向所在地动物卫生监督机构申报检疫，并提供以下材料：

4.1.1 检疫申报单。

4.1.2 需要实施检疫生猪的强制免疫证明，饲养场提供养殖档案中的强制免疫记录，饲养户提供防疫档案。

4.1.3 需要进行实验室疫病检测的，提供申报前7日内出具的实验室疫病检测报告。

4.1.4 已经取得产地检疫证明的生猪，从专门经营动物的集贸市场继续出售或运输的，或者展示、演出、比赛后需要继续运输的，提供检疫申报单、原始检疫证明和完整进出场记录；原始检疫证明超过调运有效期的，还应当提供非洲猪瘟的实验室疫病检测报告。

鼓励使用动物检疫管理信息化系统申报检疫。

4.2 申报受理

动物卫生监督机构接到检疫申报后，应当及时对申报材料进行审查。根据申报材料审查情况、当地相关动物疫情状况以及是否符合非洲猪瘟等重大动物疫病分区防控要求，决定是否予以受理。受理的，应当及时指派官方兽医或协检人员到现场或指定地点核实信息，开展临床健康检查；不予受理的，应当说明理由。

4.3 查验材料及畜禽标识

4.3.1 查验申报主体身份信息是否与检疫申报单相符。

4.3.2 实行风险分级管理的，查验饲养场（户）分级管理材料。

4.3.3 查验饲养场动物防疫条件合格证和养殖档案，了解生产、免疫、监测、诊疗、消毒、无害化处理及相关动物疫病发生情况，确认生猪已按规定进行强制免疫，并在有效保护期内；了解是否使用了未经国家批准的兽用疫苗，了解是否违反国家规定使用餐厨剩余物饲喂生猪。

4.3.4 查验饲养户免疫记录，确认生猪已按规定进行强制免疫，并在有效保护期内；了解是否使用了未经国家批准的兽用疫苗，了解是否违反国家规定使用餐厨剩余物饲喂生猪。

4.3.5 查验畜禽标识加施情况，确认生猪佩戴的畜禽标识与检疫申报单、相关档案记录是否相符。

4.3.6 查验实验室疫病检测报告是否符合要求，检测结果是否合格。

4.3.7 已经取得产地检疫证明的生猪，从专门经营动物的集贸市场继续出售或运输的，或者展示、演出、比赛后需要继续运输的，查验产地检疫证明是否真实并在调运有效期内、进出场记录是否完整；产地检疫证明超过调运有效期的，查验非洲猪瘟的实验室疫病检测报告是否符合要求，检测结果是否合格。

4.3.8 查验运输车辆、承运单位（个人）及车辆驾驶员是否备案。

4.4 临床检查

4.4.1 检查方法

4.4.1.1 群体检查。从静态、动态和食态等方面进行检查。主要检查生猪群体精神状况、呼吸状态、运动状态、饮水饮食情况及排泄物性状等。

4.4.1.2 个体检查。通过视诊、触诊和听诊等方法进行检查。主要检查生猪个体精神状况、体温、呼吸、皮肤、被毛、可视黏膜、胸廓、腹部及体表淋巴结，排泄动作及排泄物性状等。

4.4.2 检查内容

4.4.2.1 出现发热、精神不振、食欲减退、流涎；蹄冠、蹄叉、蹄踵部出现水疱，水疱破裂后表面出血，形成暗红色烂斑，感染造成化脓、坏死、蹄壳脱落，卧地不起；鼻盘、口腔黏膜、舌、乳房出现水疱和糜烂等症状的，怀疑感染口蹄疫。

4.4.2.2 出现高热、倦怠、食欲不振、精神萎顿；呕吐，便秘、粪便表面有血液和黏液覆盖，或腹泻，粪便带血；可视黏膜潮红、发绀，眼、鼻有黏液脓性分泌物；耳、四肢、腹部皮肤有出血点；共济失调、步态僵直、呼吸困难或其他神经症状；妊娠母猪流产等症状的；或出现无症状突然死亡的，怀疑感染非洲猪瘟。

4.4.2.3 出现高热、倦怠、食欲不振、精神委顿、弓腰、腿软、行动缓慢；间有呕吐，便秘腹泻交替；可视黏膜充血、出血或有不正常分泌物、发绀；鼻、唇、耳、下颌、四肢、腹下、外阴等多处皮肤点状出血，指压不褪色等症状的，怀疑感染猪瘟。

4.4.2.4 出现高热；眼结膜炎、眼睑水肿；咳嗽、气喘、呼吸困难；耳朵、四肢末梢和腹部皮肤发绀；偶见后躯无力、不能站立或共济失调等症状的，怀疑感染猪繁殖与呼吸综合征。

4.4.2.5 咽喉、颈、肩胛、胸、腹、乳房及阴囊等局部皮肤出现红肿热痛，坚硬肿块，继而肿块变冷，无痛感，最后中央坏死形成溃疡；颈部、前胸出现急性红肿、呼吸困难、咽喉变窄，窒息死亡等症状的，怀疑感染炭疽。

4.4.2.6 出现高热稽留；呕吐；结膜充血；粪便干硬呈粟状，附有黏液，下痢；皮肤有红斑、疹块，指压褪色等症状的，怀疑感染猪丹毒。

4.5　实验室疫病检测

4.5.1　对怀疑患有本规程规定疫病及临床检查发现其他异常情况的，应当按相应疫病防治技术规范进行实验室检测。

4.5.2　需要进行实验室疫病检测的，抽检比例不低于10%，原则上不少于10头，数量不足10头的要全部检测。

4.5.3　省内调运的种猪可参照《跨省调运乳用种用家畜产地检疫规程》进行实验室疫病检测，并提供相应检测报告。

5. 检疫结果处理

5.1　检疫合格，且运输车辆、承运单位（个人）及车辆驾驶员备案符合要求的，出具动物检疫证明；运输车辆、承运单位（个人）及车辆驾驶员备案不符合要求的，应当及时向农业农村部门报告，由农业农村部门责令改正的，方可出具动物检疫证明。官方兽医应当及时将动物检疫证明有关信息上传至动物检疫管理信息化系统。

5.2　检疫不合格的，出具检疫处理通知单，并按照下列规定处理。

5.2.1　发现申报主体信息与检疫申报单不符、风险分级管理不符合规定、畜禽标识与检疫申报单不符等情形的，货主按规定补正后，方可重新申报检疫。

5.2.2　未按照规定进行强制免疫或强制免疫不在有效保护期的，应及时向农业农村部门报告。货主按规定对生猪实施了强制免疫并在免疫有效保护期内，方可重新申报检疫。

5.2.3　发现患有本规程规定动物疫病的，应及时向农业农村部门或者动物疫病预防控制机构报告，按照相应疫病防治技术规范规定处理。

5.2.4　发现患有本规程规定检疫对象以外动物疫病，影响动物健康的，应向农业农村部门或者动物疫病预防控制机构报告，按规定采取相应防疫措施。

5.2.5　发现不明原因死亡或怀疑为重大动物疫情的，应当按照

《动物防疫法》《重大动物疫情应急条例》和《农业农村部关于做好动物疫情报告等有关工作的通知》（农医发〔2018〕22号）的有关规定处理。

5.2.6 发现病死动物的，应按照《病死畜禽和病害畜禽产品无害化处理管理办法》等规定处理。

5.2.7 发现货主提供虚假申报材料、养殖档案或畜禽标识不符合规定等涉嫌违反有关法律法规情形的，应当及时向农业农村部门报告，由农业农村部门按照规定处理。

6. 检疫记录

6.1 官方兽医应当及时填写检疫工作记录，详细登记货主姓名、地址、申报检疫时间、检疫时间、检疫地点、检疫动物种类、数量及用途、检疫处理、检疫证明编号等。

6.2 检疫申报单和检疫工作记录保存期限不得少于12个月。

6.3 电子记录与纸质记录具有同等效力。

二、反刍动物产地检疫规程

1. 适用范围

本规程规定了反刍动物产地检疫的检疫范围及对象、检疫合格标准、检疫程序、检疫结果处理和检疫记录。

本规程适用于中华人民共和国境内反刍动物及其原毛、绒、血液、角的产地检疫。

2. 检疫范围及对象

2.1 检疫范围

2.1.1 动物

《国家畜禽遗传资源目录》规定的牛、羊、骆驼、鹿、羊驼等反刍动物。

2.1.2 动物产品

本规程规定反刍动物的原毛、绒、血液、角。

2.2 检疫对象

2.2.1 牛：口蹄疫、布鲁氏菌病、炭疽、牛结核病、牛结节性皮肤病。

2.2.2 羊：口蹄疫、小反刍兽疫、布鲁氏菌病、炭疽、蓝舌病、绵羊痘和山羊痘、山羊传染性胸膜肺炎。

2.2.3 鹿、骆驼、羊驼：口蹄疫、布鲁氏菌病、炭疽、牛结核病。

3. 检疫合格标准

3.1 反刍动物

3.1.1 来自非封锁区及未发生相关动物疫情的饲养场（户）。

3.1.2 申报材料符合本规程规定。

3.1.3 按照规定进行了强制免疫，并在有效保护期内。

3.1.4 畜禽标识符合规定。

3.1.5 临床检查健康。

3.1.6 需要进行实验室疫病检测的，检测结果合格。

3.2 原毛、绒、血液、角

3.2.1 来自非封锁区及未发生相关动物疫情的饲养场（户）。

3.2.2 申报材料符合本规程规定。

3.2.3 供体动物符合3.1.3—3.1.5的规定。

3.2.4 原毛、绒、角按有关规定消毒。

3.2.5 血液供体动物实施布鲁氏菌病免疫的，布鲁氏菌病免疫记录真实、完整；未实施布鲁氏菌病免疫的，进行布鲁氏菌病实验室疫病检测，检测结果合格。

4. 检疫程序

4.1 申报检疫

4.1.1 反刍动物

货主应当提前3天向所在地动物卫生监督机构申报检疫，并提供以下材料：

4.1.1.1 检疫申报单。

4.1.1.2 需要实施检疫动物的强制免疫证明，饲养场提供养殖档案中的强制免疫记录，饲养户提供防疫档案。

4.1.1.3 需要进行实验室疫病检测的，提供申报前7日内出具的实验室疫病检测报告。

4.1.1.4 已经取得产地检疫证明的动物，从专门经营动物的集贸市场继续出售或运输的，或者展示、演出、比赛后需要继续运输的，提供检疫申报单、原始检疫证明和完整进出场记录；原始检疫证明超过调运有效期，动物实施布鲁氏菌病免疫的，还应当提供布鲁氏菌病免疫记录；未实施布鲁氏菌病免疫的，提供布鲁氏菌病实验室疫病检测报告。

4.1.2 原毛、绒、血液、角

货主应当提前3天向所在地动物卫生监督机构申报检疫，并提供以下材料：

4.1.2.1 检疫申报单。

4.1.2.2 需要实施检疫动物产品供体动物的强制免疫记录，饲养场提供养殖档案中的强制免疫记录，饲养户提供防疫档案。

4.1.2.3 原毛、绒、角的消毒记录。

4.1.2.4 血液供体动物实施布鲁氏菌病免疫的，提供布鲁氏菌病免疫记录；未实施布鲁氏菌病免疫的，提供申报前7日内出具的血液供体动物的布鲁氏菌病实验室疫病检测报告。

鼓励使用动物检疫管理信息化系统申报检疫。

4.2 申报受理

动物卫生监督机构接到检疫申报后，应当及时对申报材料进行审查。根据申报材料审查情况和当地相关动物疫情状况，决定是否予以受理。受理的，应当及时指派官方兽医或协检人员到现场或指定地点核实信息，开展临床健康检查；不予受理的，应当说明理由。

4.3 查验材料及畜禽标识

4.3.1 反刍动物

4.3.1.1 查验申报主体身份信息是否与检疫申报单相符。

4.3.1.2 查验饲养场动物防疫条件合格证和养殖档案，了解生产、免疫、监测、诊疗、消毒、无害化处理及相关动物疫病发生情况，确认动物已按规定进行强制免疫，并在有效保护期内。

4.3.1.3 查验饲养户免疫记录，确认动物已按规定进行强制免疫，并在有效保护期内。

4.3.1.4 查验畜禽标识加施情况，确认动物佩戴的畜禽标识与检疫申报单、相关档案记录相符。

4.3.1.5 查验实验室疫病检测报告是否符合要求，检测结果是否合格。

4.3.1.6 已经取得产地检疫证明的动物，从专门经营动物的集贸市场继续出售或运输的，或者展示、演出、比赛后需要继续运输的，查验产地检疫证明是否真实并在调运有效期内、进出场记录是否完整。产地检疫证明超过调运有效期，动物实施布鲁氏菌病免疫的，查验布鲁氏菌病免疫记录是否真实、完整；未实施布鲁氏菌病免疫的，查验布鲁氏菌病实验室疫病检测报告是否符合要求，检测结果是否合格。

4.3.1.7 查验运输车辆、承运单位（个人）及车辆驾驶员是否备案。

4.3.2 原毛、绒、血液、角

4.3.2.1 按照4.3.1.1—4.3.1.4规定查验相关材料。

4.3.2.2 查验原毛、绒、角的消毒记录是否符合要求。

4.3.2.3 血液供体动物实施布鲁氏菌病免疫的，查验布鲁氏菌病免疫记录是否真实、完整；未实施布鲁氏菌病免疫的，查验布鲁氏菌病实验室疫病检测报告是否符合要求，检测结果是否合格。

4.4 临床检查

4.4.1 检查方法

4.4.1.1 群体检查。从静态、动态和食态等方面进行检查。主要检查动物群体精神状况、呼吸状态、运动状态、饮水饮食、反刍状态及排泄物性状等。

4.4.1.2 个体检查。通过视诊、触诊和听诊等方法进行检查。主要检查动物个体精神状况、体温、呼吸、皮肤、被毛、可视黏膜、胸廓、腹部及体表淋巴结，排泄动作及排泄物性状等。

4.4.2 检查内容

4.4.2.1 出现发热、精神不振、食欲减退、流涎；蹄冠、蹄叉、蹄踵部出现水疱，水疱破裂后表面出血，形成暗红色烂斑，感染造成化脓、坏死、蹄壳脱落，卧地不起；鼻盘、口腔黏膜、舌、乳房出现水疱和糜烂等症状的，怀疑感染口蹄疫。

4.4.2.2 羊出现突然发热、呼吸困难或咳嗽，分泌黏脓性卡他性鼻液，口腔黏膜充血、糜烂，齿龈出血，严重腹泻或下痢，母羊流产等症状的，怀疑感染小反刍兽疫。

4.4.2.3 孕畜出现流产、死胎或产弱胎，生殖道炎症、胎衣滞留，持续排出污灰色或棕红色恶露以及乳房炎症状；公畜发生睾丸炎或关节炎、滑膜囊炎，偶见阴茎红肿，睾丸和附睾肿大等症状的，怀疑感染布鲁氏菌病。

4.4.2.4 出现高热、呼吸增速、心跳加快；食欲废绝，偶见瘤胃膨胀，可视黏膜紫绀，突然倒毙；天然孔出血、血凝不良呈煤焦油样、尸僵不全；体表、直肠、口腔黏膜等处发生炭疽痈等症状的，怀疑感染炭疽。

4.4.2.5 牛出现全身皮肤多发性结节、溃疡、结痂，并伴随浅表淋巴结肿大，尤其是肩前淋巴结肿大；眼结膜炎，流鼻涕，流涎；口腔黏膜出现水泡，继而溃破和糜烂；四肢及腹部、会阴等部位水肿；高烧、母牛产奶量下降等症状的，怀疑感染牛结节性皮肤病。

4.4.2.6 出现渐进性消瘦，咳嗽，个别可见顽固性腹泻，粪中混有黏液状脓汁；奶牛偶见乳房淋巴结肿大等症状的，怀疑感染牛结核病。

4.4.2.7 羊出现高热稽留，精神委顿，厌食，流涎，嘴唇水肿并蔓延到面部、眼睑、耳以及颈部和腋下，口腔黏膜、舌头充血、糜烂，或舌头发绀、溃疡、糜烂以至吞咽困难，有的蹄冠和蹄叶发炎，呈现跛行等症状的，怀疑感染蓝舌病。

4.4.2.8 羊出现体温升高、呼吸加快；皮肤、黏膜上出现痘疹，由红斑到丘疹，突出皮肤表面，遇化脓菌感染则形成脓疱继而破溃结痂等症状的，怀疑感染绵羊痘或山羊痘。

4.4.2.9 山羊出现高热稽留、呼吸困难、鼻翼扩张、咳嗽；可视黏膜发绀，胸前和肉垂水肿；腹泻和便秘交替发生，厌食、消瘦、流涕或口流白沫等症状的，怀疑感染山羊传染性胸膜肺炎。

4.5 实验室疫病检测

4.5.1 对怀疑患有本规程规定疫病及临床检查发现其他异常情况的，应当按照相应疫病防治技术规范进行实验室检测。

4.5.2 需要进行实验室疫病检测的，抽检比例不低于10%，原则上不少于10头（只），数量不足10头（只）的要全部检测。

4.5.3 省内调运的乳用、种用动物可参照《跨省调运乳用种用家畜产地检疫规程》进行实验室疫病检测，并提供相应检测报告。

5. 检疫结果处理

5.1 检疫合格

5.1.1 反刍动物

检疫合格，且运输车辆、承运单位（个人）及车辆驾驶员备案符合要求的，出具动物检疫证明；运输车辆、承运单位（个人）及车辆驾驶员备案不符合要求的，应当及时向农业农村部门报告，由农业农村部门责令改正的，方可出具动物检疫证明。官方兽医应当及时将动物检疫证明有关信息上传至动物检疫管理信息化系统。

5.1.2 原毛、绒、血液、角

检疫合格的，出具动物检疫证明，按规定加施检疫标志。官方兽医应当及时将动物检疫证明有关信息上传至动物检疫管理信息化系统。

5.2 检疫不合格的，出具检疫处理通知单，并按照下列规定处理。

5.2.1 反刍动物

5.2.1.1 发现申报主体信息与检疫申报单不符、畜禽标识与检疫申报单不符等情形的，货主按规定补正后，方可重新申报检疫。

5.2.1.2 未按照规定进行强制免疫或强制免疫不在有效保护期的，应及时向农业农村部门报告。货主按规定对反刍动物实施了强制免疫并在免疫有效保护期内，方可重新申报检疫。

5.2.1.3 发现患有本规程规定动物疫病的，应及时向农业农村部门或者动物疫病预防控制机构报告，按照相应疫病防治技术规范规定处理。

5.2.1.4 发现患有本规程规定检疫对象以外动物疫病，影响动物健康的，应向农业农村部门或者动物疫病预防控制机构报告，按规定采取相应防疫措施。

5.2.1.5 发现不明原因死亡或怀疑为重大动物疫情的，应当按照《动物防疫法》《重大动物疫情应急条例》和《农业农村部关于做好动物疫情报告等有关工作的通知》（农医发〔2018〕22号）的有关规定处理。

5.2.1.6 发现病死动物的，应按照《病死畜禽和病害畜禽产品无害化处理管理办法》等规定处理。

5.2.1.7 发现货主提供虚假申报材料、养殖档案或畜禽标识不符合规定等涉嫌违反有关法律法规情形的，应当及时向农业农村部门报告，由农业农村部门按照规定处理。

5.2.2 原毛、绒、血液、角

5.2.2.1 发现申报主体信息与检疫申报单不符的，货主按规定补正后，方可重新申报检疫。

5.2.2.2 发现供体动物未按照规定进行强制免疫或强制免疫时限不在有效保护期的，应及时向农业农村部门报告。货主按规定对动物产品再次消毒后，方可重新申报检疫。

5.2.2.3 发现供体动物染疫、疑似染疫或者死亡的，应分别按照5.2.1.3—5.2.1.6的规定处理。

5.2.2.4 动物产品未按照规定消毒的，货主按规定对动物产品消毒后，方可重新申报检疫。

5.2.2.5 实验室疫病检测结果不合格的，应向农业农村部门报告，由货主对动物产品进行无害化处理。

5.2.2.6 发现货主提供虚假申报材料、养殖档案及畜禽标识不符合规定等涉嫌违反有关法律法规的，应当及时向农业农村部门报告，由农业农村部门按照规定处理。

6. 检疫记录

6.1 官方兽医应当及时填写检疫工作记录，详细登记货主姓名、地址、申报检疫时间、检疫时间、检疫地点、检疫动物或动物产品种类、数量及用途、检疫处理、检疫证明编号等。

6.2 检疫申报单和检疫工作记录保存期限不得少于12个月。

6.3 电子记录与纸质记录具有同等效力。

三、家禽产地检疫规程

1. 适用范围

本规程规定了家禽产地检疫的检疫范围及对象、检疫合格标准、检疫程序、检疫结果处理和检疫记录。

本规程适用于中华人民共和国境内家禽及其原毛、绒的产地检疫。

2. 检疫范围及对象

2.1 检疫范围

2.1.1 动物

《国家畜禽遗传资源目录》规定的家禽。

2.1.2 动物产品

本规程规定家禽的原毛、绒。

2.2 检疫对象

2.2.1 鸡、鸽、鹌鹑、火鸡、珍珠鸡、雉鸡、鹧鸪、鸵鸟、鸸鹋：高致病性禽流感、新城疫、马立克病、禽痘、鸡球虫病。

2.2.2 鸭、鹅、番鸭、绿头鸭：高致病性禽流感、新城疫、鸭瘟、小鹅瘟、禽痘。

3. 检疫合格标准

3.1 家禽

3.1.1 来自非封锁区及未发生相关动物疫情的饲养场(户)。

3.1.2 实行风险分级管理的,来自符合风险分级管理有关规定的饲养场(户)。

3.1.3 申报材料符合本规程规定。

3.1.4 按照规定进行了强制免疫,并在有效保护期内。

3.1.5 临床检查健康。

3.1.6 需要进行实验室疫病检测的,检测结果合格。

3.2 原毛、绒

3.2.1 来自非封锁区及未发生相关动物疫情的饲养场(户)。

3.2.2 申报材料符合本规程规定。

3.2.3 供体动物符合3.1.4—3.1.5的规定。

3.2.4 原毛、绒按有关规定消毒。

4. 检疫程序

4.1 申报检疫

4.1.1 家禽

货主应当提前3天向所在地动物卫生监督机构申报检疫,并提供以下材料:

4.1.1.1 检疫申报单。

4.1.1.2 需要实施检疫家禽的强制免疫证明,饲养场提供养殖档案中的强制免疫记录,饲养户提供防疫档案。

4.1.1.3 需要进行实验室疫病检测的,提供申报前7日内出具的实验室疫病检测报告。

4.1.1.4 已经取得产地检疫证明的家禽,从专门经营动物的集贸市场继续出售或运输的,或者展示、演出、比赛后需要继续运输的，提供检疫申报单、原始检疫证明和完整的进出场记录。

4.1.2 原毛、绒

货主应当提前3天向所在地动物卫生监督机构申报检疫，并提供以下材料：

4.1.2.1 检疫申报单。

4.1.2.2 需要实施检疫原毛、绒供体动物的强制免疫记录，饲养场提供养殖档案中的强制免疫记录，饲养户提供防疫档案。

4.1.2.3 原毛、绒的消毒记录。

鼓励使用动物检疫管理信息化系统申报检疫。

4.2 申报受理

动物卫生监督机构接到检疫申报后，应当及时对申报材料进行审查。根据申报材料审查情况和当地相关动物疫情状况，决定是否予以受理。受理的，应当及时指派官方兽医或协检人员到现场或指定地点核实信息，开展临床健康检查；不予受理的，应当说明理由。

4.3 查验材料

4.3.1 家禽

4.3.1.1 查验申报主体身份信息是否与检疫申报单相符。

4.3.1.2 实行风险分级管理的，查验饲养场（户）分级管理材料。

4.3.1.3 查验饲养场动物防疫条件合格证和养殖档案，了解生产、免疫、监测、诊疗、消毒、无害化处理及相关动物疫病发生情况，确认家禽已按规定进行强制免疫，并在有效保护期内。

4.3.1.4 查验饲养户免疫记录，确认家禽已按规定进行强制免疫，并在有效保护期内。

4.3.1.5 查验实验室疫病检测报告是否符合要求，检测结果是否合格。

4.3.1.6 已经取得产地检疫证明的家禽，从专门经营动物的集贸市场继续出售或运输的，或者展示、演出、比赛后需要继续运输的，查验产地检疫证明是否真实、进出场记录是否完整。

4.3.1.7　查验运输车辆、承运单位（个人）及车辆驾驶员是否备案。

4.3.2　原毛、绒

4.3.2.1　按照4.3.1.1、4.3.1.3、4.3.1.4规定查验相关材料。

4.3.2.2　查验原毛、绒的消毒记录是否符合要求。

4.4　临床检查

4.4.1　检查方法

4.4.1.1　群体检查。从静态、动态和食态等方面进行检查。主要检查家禽群体精神状况、呼吸状态、运动状态、饮水饮食及排泄物性状等。

4.4.1.2　个体检查。通过视诊、触诊和听诊等方法进行检查。主要检查家禽个体精神状况、体温、呼吸、羽毛、天然孔、冠、髯、爪、排泄物以及嗉囊内容物性状等。

4.4.2　检查内容

4.4.2.1　出现突然死亡，死亡率高；病禽极度沉郁，头部和眼睑部水肿，鸡冠发绀，脚鳞出血和神经紊乱；鸭鹅等水禽出现明显神经症状、腹泻、角膜炎，甚至失明等症状的，怀疑感染高致病性禽流感。

4.4.2.2　出现体温升高、食欲减退、神经症状；缩颈闭眼、冠髯暗紫；呼吸困难；口腔和鼻腔分泌物增多，嗉囊肿胀；下痢；产蛋减少或停止等症状的；或少数禽突然发病，无任何症状死亡的，怀疑感染新城疫。

4.4.2.3　出现体温升高；食欲减退或废绝、翅下垂、脚无力、共济失调、不能站立；眼流浆性或脓性分泌物，眼睑肿胀或头颈浮肿；绿色下痢，衰竭虚脱等症状的，怀疑感染鸭瘟。

135

4.4.2.4 出现突然死亡；精神萎靡、倒地两脚划动，迅速死亡；厌食，嗉囊松软，内有大量液体和气体；排灰白或淡黄绿色混有气泡的稀粪；呼吸困难，鼻端流出浆性分泌物，喙端色泽变暗等症状的，怀疑感染小鹅瘟。

4.4.2.5 出现食欲减退、消瘦、腹泻、体重迅速减轻，死亡率较高；运动失调、劈叉姿势；虹膜褪色、单侧或双眼灰白色浑浊所致的白眼病或瞎眼；颈、背、翅、腿和尾部形成大小不一的结节及瘤状物等症状的，怀疑感染马立克病。

4.4.2.6 冠、肉髯和其他无羽毛部位发生大小不等的疣状块，皮肤增生性病变；口腔、食道、喉或气管黏膜出现白色结节或黄色白喉膜病变等症状的，怀疑感染禽痘。

4.4.2.7 出现精神沉郁、羽毛松乱、不喜活动、食欲减退、逐渐消瘦；泄殖腔周围羽毛被稀粪沾污；运动失调、足和翅发生轻瘫；嗉囊内充满液体，可视黏膜苍白；排水样稀粪、棕红色粪便、血便、间歇性下痢；群体均匀度差，产蛋量下降等症状的，怀疑感染鸡球虫病。

4.5 实验室疫病检测

4.5.1 对怀疑患有本规程规定疫病及临床检查发现其他异常情况的，应当按照相应疫病防治技术规范进行实验室检测。

4.5.2 需要进行实验室疫病检测的，抽检比例不低于5%，原则上不少于5只，数量不足5只的要全部检测。

4.5.3 省内调运的种禽可参照《跨省调运种禽产地检疫规程》进行实验室疫病检测，并提供相应检测报告。

5. 检疫结果处理

5.1 检疫合格

5.1.1 家禽

检疫合格，且运输车辆、承运单位（个人）及车辆驾驶员备案符合要求的，出具动物检疫证明；运输车辆、承运单位（个人）及车辆驾驶员备案不符合要求的，应当及时向农业农村部门报告，由农业农村部门责令改正的，方可出具动物检疫证明。官方兽医应当及时将动物检疫证明有关信息上传至动物检疫管理信息化系统。

5.1.2　原毛、绒

检疫合格的，出具动物检疫证明，按规定加施检疫标志。官方兽医应当及时将动物检疫证明有关信息上传至动物检疫管理信息化系统。

5.2　检疫不合格的，出具检疫处理通知单，并按照下列规定处理。

5.2.1　家禽

5.2.1.1　发现申报主体信息与检疫申报单不符、风险分级管理不符合规定等情形的，货主按规定补正后，方可重新申报检疫。

5.2.1.2　未按照规定进行强制免疫或强制免疫不在有效保护期的，应及时向农业农村部门报告。货主按规定对家禽实施了强制免疫并在免疫有效保护期内，方可重新申报检疫。

5.2.1.3　发现患有本规程规定动物疫病的，应及时向农业农村部门或者动物疫病预防控制机构报告，按照相应疫病防治技术规范规定处理。

5.2.1.4　发现患有本规程规定检疫对象以外动物疫病，影响动物健康的，应向农业农村部门或者动物疫病预防控制机构报告，按规定采取相应防疫措施。

5.2.1.5　发现不明原因死亡或怀疑为重大动物疫情的，应当按照《动物防疫法》《重大动物疫情应急条例》和《农业农村部关于做好动物疫情报告等有关工作的通知》（农医发〔2018〕22号）的有关规定处理。

5.2.1.6 发现病死动物的，按照《病死畜禽和病害畜禽产品无害化处理管理办法》等规定处理。

5.2.1.7 发现货主提供虚假申报材料、养殖档案不符合规定等涉嫌违反有关法律法规情形的，应当及时向农业农村部门报告，由农业农村部门按照规定处理。

5.2.2 原毛、绒

5.2.2.1 发现申报主体信息与检疫申报单不符的，货主按规定补正后，方可重新申报检疫。

5.2.2.2 发现供体动物未按照规定进行强制免疫或强制免疫时限不在有效保护期的，应及时向农业农村部门报告，要求货主按规定对动物产品再次消毒后，方可重新申报检疫。

5.2.2.3 发现供体动物染疫、疑似染疫或者死亡的，要分别按照5.2.1.3—5.2.1.6的规定处理。

5.2.2.4 原毛、绒未按照规定消毒的，货主按规定对动物产品消毒后，方可重新申报检疫。

5.2.2.5 发现货主提供虚假申报材料、养殖档案不符合规定等涉嫌违反有关法律法规的，应当及时向农业农村部门报告，由农业农村部门按照规定处理。

6. 检疫记录

6.1 官方兽医应当及时填写检疫工作记录，详细登记货主姓名、地址、申报检疫时间、检疫时间、检疫地点、检疫动物或动物产品种类、数量及用途、检疫处理、检疫证明编号等。

6.2 检疫申报单和检疫工作记录保存期限不得少于12个月。

6.3 电子记录与纸质记录具有同等效力。

四、马属动物产地检疫规程

1. 适用范围

本规程规定了马属动物产地检疫的检疫范围及对象、检疫合格标准、检疫程序、检疫结果处理和检疫记录。

本规程适用于中华人民共和国境内马属动物的产地检疫。

2. 检疫范围及对象

2.1 检疫范围

2.1.1《国家畜禽遗传资源目录》规定的马、驴。

2.1.2 骡。

2.2 检疫对象

马传染性贫血、马鼻疽、马流感、马腺疫、马鼻肺炎。

3. 检疫合格标准

3.1 来自非封锁区及未发生相关动物疫情的饲养场(户)。

3.2 申报材料符合本规程规定。

3.3 临床检查健康。

3.4 需要进行实验室疫病检测的,检测结果合格。

4. 检疫程序

4.1 申报检疫

货主应当提前3天向所在地动物卫生监督机构申报检疫,并提供以下材料:

4.1.1 检疫申报单。

4.1.2 需要进行实验室疫病检测的,提供申报前7日内出具的实验室疫病检测报告。

4.1.3 已经取得产地检疫证明的马属动物,展示、演出、比赛

139

后需要继续运输的，提供检疫申报单、原始检疫证明和完整进出场记录；原始检疫证明超过调运有效期的，还应当提供马传染性贫血、马鼻疽实验室疫病检测报告。

鼓励使用动物检疫管理信息化系统申报检疫。

4.2 申报受理

动物卫生监督机构接到检疫申报后，应当及时对申报材料进行审查。根据申报材料审查情况和当地相关动物疫情状况，决定是否予以受理。受理的，应当及时指派官方兽医或协检人员到现场或指定地点核实信息，开展临床健康检查；不予受理的，应当说明理由。

4.3 查验材料

4.3.1 查验申报主体身份信息是否与检疫申报单相符。

4.3.2 查验饲养场动物防疫条件合格证和养殖档案，了解生产、免疫、监测、诊疗、消毒、无害化处理及相关动物疫病发生情况。

4.3.3 了解饲养户生产、免疫、监测、诊疗、消毒、无害化处理及相关动物疫病发生情况。

4.3.4 查验实验室疫病检测报告是否符合要求，检测结果是否合格。

4.3.5 已经取得产地检疫证明的马属动物，展示、演出、比赛后需要继续运输的，查验产地检疫证明是否真实并在调运有效期内、进出场记录是否完整；产地检疫证明超过调运有效期的，查验马传染性贫血、马鼻疽的实验室疫病检测报告是否符合要求，检测结果是否合格。

4.3.6 查验运输车辆、承运单位（个人）及车辆驾驶员是否备案。

4.4 临床检查

4.4.1 检查方法

4.4.1.1 群体检查。从静态、动态和食态等方面进行检查。主要检查马属动物群体精神状况、呼吸状态、运动状态、饮水饮食情况及排泄物性状等。

4.4.1.2　个体检查。通过视诊、触诊和听诊等方法进行检查。主要检查马属动物个体精神状况、体温、呼吸、皮肤、被毛、可视黏膜、胸廓、腹部及体表淋巴结、排泄动作及排泄物性状等。

4.4.2　检查内容

4.4.2.1　出现发热、贫血、出血、黄疸、心脏衰弱、浮肿和消瘦等症状的，怀疑感染马传染性贫血。

4.4.2.2　出现体温升高、精神沉郁；呼吸、脉搏加快；下颌淋巴结肿大；鼻孔一侧（有时两侧）流出浆液性或黏性鼻汁，偶见鼻疽结节、溃疡、瘢痕等症状的，怀疑感染马鼻疽。

4.4.2.3　出现剧烈咳嗽，严重时发生痉挛性咳嗽；流浆液性鼻液，偶见黄白色脓性鼻液；结膜潮红肿胀，微黄染，流出浆液性乃至脓性分泌物，有的出现结膜浑浊；精神沉郁，食欲减退，体温升高；呼吸和脉搏次数增加；四肢或腹部浮肿，发生腱鞘炎；下颌淋巴结轻度肿胀等症状的，怀疑感染马流感。

4.4.2.4　出现体温升高，结膜潮红稍黄染，上呼吸道及咽黏膜呈卡他性化脓性炎症，下颌淋巴结急性化脓性肿大（如鸡蛋大）等症状的，怀疑感染马腺疫。

4.4.2.5　出现体温升高，食欲减退；分泌大量浆液乃至黏脓性鼻液，鼻黏膜和眼结膜充血；下颌淋巴结肿胀，四肢腱鞘水肿；妊娠母马流产等症状的，怀疑感染马鼻肺炎。

4.5　实验室疫病检测

4.5.1　对怀疑患有本规程规定疫病及临床检查发现其他异常情况的，应当按照相应疫病防治技术规范进行实验室检测。

4.5.2　需要进行实验室疫病检测的，每批马属动物抽检比例不低于20%，原则上不少于5匹，数量不足5匹的要全部检测。

4.5.3 省内调运的种用马属动物可参照《跨省调运乳用种用家畜产地检疫规程》进行实验室疫病检测，并提供相应检测报告。

5. 检疫结果处理

5.1 检疫合格且运输车辆、承运单位（个人）及车辆驾驶员备案符合要求的，出具动物检疫证明；运输车辆、承运单位（个人）及车辆驾驶员备案不符合要求的，应当及时向农业农村部门报告，由农业农村部门责令改正的，方可出具动物检疫证明。官方兽医应当及时将动物检疫证明有关信息上传至动物检疫管理信息化系统。

5.2 检疫不合格的，出具检疫处理通知单，并按照下列规定处理。

5.2.1 发现申报主体信息与检疫申报单不符的，货主按规定补正后，方可重新申报检疫。

5.2.2 发现患有本规程规定动物疫病的，应及时向农业农村部门或者动物疫病预防控制机构报告，按照相应疫病防治技术规范规定处理。

5.2.3 发现患有本规程规定检疫对象以外动物疫病，影响动物健康的，应向农业农村部门或者动物疫病预防控制机构报告，按规定采取相应防疫措施。

5.2.4 发现不明原因死亡或怀疑为重大动物疫情的，应当按照《动物防疫法》《重大动物疫情应急条例》和《农业农村部关于做好动物疫情报告等有关工作的通知》（农医发〔2018〕22号）的有关规定处理。

5.2.5 发现病死动物的，按照《病死畜禽和病害畜禽产品无害化处理管理办法》等规定处理。

5.2.6 发现货主提供虚假申报材料、养殖档案不符合规定等涉嫌违反有关法律法规情形的，应当及时向农业农村部门报告，由农业农村部门按照规定处理。

6. 检疫记录

6.1 官方兽医应当及时填写检疫工作记录，详细登记货主姓名、地址、申报检疫时间、检疫时间、检疫地点、检疫动物种类、数量及用途、检疫处理、检疫证明编号等。

6.2 检疫申报单和检疫工作记录保存期限不得少于12个月。

6.3 电子记录与纸质记录具有同等效力。

五、犬产地检疫规程

1. 适用范围

本规程规定了犬产地检疫的检疫范围及对象、检疫合格标准、检疫程序、检疫结果处理和检疫记录。

本规程适用于中华人民共和国境内犬的产地检疫。

2. 检疫范围及对象

2.1 检疫范围

人工饲养的犬。

2.2 检疫对象

狂犬病、布鲁氏菌病、犬瘟热、犬细小病毒病、犬传染性肝炎。

3. 检疫合格标准

3.1 来自非封锁区及未发生相关动物疫情的区域。

3.2 申报材料符合本规程规定。

3.3 按规定进行狂犬病免疫，并在有效保护期内，且狂犬病免疫抗体检测合格。

3.4 临床检查健康。

3.5 需要进行实验室疫病检测的，检测结果合格。

4. 检疫程序

4.1 申报检疫

货主应当提前3天向所在地动物卫生监督机构申报检疫，并提供以下材料：

4.1.1 检疫申报单。

4.1.2 狂犬病免疫证明、免疫有效保护期内出具的免疫抗体检测报告。

4.1.3 已经取得产地检疫证明的犬，从专门经营动物的集贸市场继续出售或运输的，或者展示、演出、比赛后需要继续运输的，提供检疫申报单、原始检疫证明和完整进出场记录。

鼓励使用动物检疫管理信息化系统申报检疫。

4.2 申报受理

动物卫生监督机构接到检疫申报后，应当及时对申报材料进行审查。根据申报材料审查情况和当地相关动物疫情状况，决定是否予以受理。受理的，应当及时指派官方兽医或协检人员到现场或指定地点核实信息，开展临床健康检查；不予受理的，应当说明理由。

4.3 查验材料

4.3.1 查验申报主体身份信息是否与检疫申报单相符。

4.3.2 了解饲养场（户）生产、免疫、监测、诊疗、消毒、无害化处理及相关动物疫病发生情况，确认犬已按规定进行狂犬病免疫，并在有效保护期内。

4.3.3 查验狂犬病免疫抗体检测报告是否符合要求，检测结果是否合格。

4.3.4 已经取得产地检疫证明的犬，从专门经营动物的集贸市场继续出售或运输的，或者展示、演出、比赛后需要继续运输的，需要查验产地检疫证明是否真实、进出场记录是否完整。

4.4 临床检查

4.4.1 检查方法

4.4.1.1 群体检查。从静态、动态和食态等方面进行检查。主要检查犬群体精神状况、呼吸状态、运动状态、饮食情况及排泄物性状等。

4.4.1.2 个体检查。通过视诊、触诊和听诊等方法进行检查。主要检查犬个体精神状况、体温、呼吸、皮肤、被毛、可视黏膜、胸廓、腹部及体表淋巴结,排泄动作及排泄物性状等。

4.4.2 检查内容

4.4.2.1 出现行为反常,易怒,有攻击性,狂躁不安,高度兴奋,流涎;有些狂暴与沉郁交替出现,表现特殊的斜视和惶恐;自咬四肢、尾及阴部等;意识障碍,反射紊乱,消瘦,声音嘶哑,夹尾,眼球凹陷,瞳孔散大或缩小;下颌下垂,舌脱出口外,流涎显著,后躯及四肢麻痹,卧地不起;恐水等症状的,怀疑患狂犬病。

4.4.2.2 出现母犬流产、死胎,产后子宫有长期暗红色分泌物,不孕,关节肿大,消瘦;公犬睾丸肿大,关节肿大,极度消瘦等症状的,怀疑患布鲁氏菌病。

4.4.2.3 出现眼鼻脓性分泌物,脚垫粗糙增厚,四肢或全身有节律性地抽搐;有的出现发热,眼周红肿,打喷嚏,咳嗽,呕吐,腹泻,食欲不振,精神沉郁等症状的,怀疑患犬瘟热。

4.4.2.4 出现呕吐,腹泻,粪便呈咖啡色或番茄酱色样血便,带有特殊的腥臭气味;有些出现发热、精神沉郁、不食,严重脱水、眼球下陷、鼻镜干燥、皮肤弹力高度下降、体重明显减轻,突然呼吸困难、心力衰竭等症状的,怀疑患犬细小病毒病。

4.4.2.5 出现体温升高，精神沉郁；角膜水肿，呈"蓝眼"；呕吐，不食或食欲废绝等症状的，怀疑患犬传染性肝炎。

4.5 实验室疫病检测

4.5.1 对怀疑患有本规程规定疫病及临床检查发现其他异常情况的，应当按照相应疫病防治技术规范进行实验室检测。

4.5.2 需要进行实验室疫病检测的，应当逐只检测。

5. 检疫结果处理

5.1 检疫合格的，逐只出具动物检疫证明。官方兽医应当及时将动物检疫证明有关信息上传至动物检疫管理信息化系统。

5.2 检疫不合格的，出具检疫处理通知单，并按照下列规定处理。

5.2.1 发现申报主体信息与检疫申报单不符的，货主按规定补正后，方可重新申报检疫。

5.2.2 未按照规定进行狂犬病免疫或免疫不在有效保护期的，及时向农业农村部门报告。货主按规定对犬实施了狂犬病免疫并在免疫有效保护期内，方可重新申报检疫。

5.2.3 发现患有本规程规定动物疫病的，应及时向农业农村部门或者动物疫病预防控制机构报告，按照相应疫病防治技术规范规定处理。

5.2.4 发现患有本规程规定检疫对象以外动物疫病，影响动物健康的，向农业农村部门或者动物疫病预防控制机构报告，按规定采取相应防疫措施。

5.2.5 发现不明原因死亡或怀疑为重大动物疫情的，应当按照《动物防疫法》《重大动物疫情应急条例》和《农业农村部关于做好动物疫情报告等有关工作的通知》（农医发〔2018〕22号）的有关规定处理。

5.2.6　发现病死犬的，按照《病死及病害动物无害化处理技术规范》等规定处理。

5.2.7　发现货主提供虚假申报材料等涉嫌违反有关法律法规情形的，应当及时向农业农村部门报告，由农业农村部门按照规定处理。

6. 检疫记录

6.1　官方兽医应当及时填写检疫工作记录，详细登记货主姓名、地址、申报检疫时间、检疫时间、检疫地点、检疫动物种类、数量及用途、检疫处理、检疫证明编号等。

6.2　检疫申报单和检疫工作记录保存期限不得少于12个月。

6.3　电子记录与纸质记录具有同等效力。

六、猫产地检疫规程

1. 适用范围

本规程规定了猫产地检疫的检疫范围及对象、检疫合格标准、检疫程序、检疫结果处理和检疫记录。

本规程适用于中华人民共和国境内猫的产地检疫。

2. 检疫范围及对象

2.1　检疫范围

人工饲养的猫。

2.2　检疫对象

狂犬病、猫泛白细胞减少症。

3. 检疫合格标准

3.1　来自非封锁区及未发生相关动物疫情的区域。

3.2　申报材料符合本规程规定。

3.3 临床检查健康。

3.4 需要进行实验室疫病检测的，检测结果合格。

4. 检疫程序

4.1 申报检疫

货主应当提前3天向所在地动物卫生监督机构申报检疫，并提供以下材料。

4.1.1 检疫申报单。

4.1.2 已经取得产地检疫证明的猫，从专门经营动物的集贸市场继续出售或运输的，或者展示、演出、比赛后需要继续运输的，提供检疫申报单、原始检疫证明和完整进出场记录。

鼓励使用动物检疫管理信息化系统申报检疫。

4.2 申报受理

动物卫生监督机构接到检疫申报后，应当及时对申报材料进行审查。根据申报材料审查情况和当地相关动物疫情状况，决定是否予以受理。受理的，应当及时指派官方兽医或协检人员到现场或指定地点核实信息，开展临床健康检查；不予受理的，应当说明理由。

4.3 查验材料

4.3.1 查验申报主体身份信息是否与检疫申报单相符。

4.3.2 了解饲养场（户）生产、免疫、监测、诊疗、消毒、无害化处理及相关动物疫病发生情况。

4.3.3 已经取得产地检疫证明的猫，从专门经营动物的集贸市场继续出售或运输的，或者展示、演出、比赛后需要继续运输的，查验产地检疫证明是否真实、进出场记录是否完整。

4.4 临床检查

4.4.1 检查方法

4.4.1.1 群体检查。从静态、动态和食态等方面进行检查。主要检查猫群体精神状况、呼吸状态、运动状态、饮食情况及排泄物性状等。

4.4.1.2 个体检查。通过视诊、触诊和听诊等方法进行检查。主要检查猫个体精神状况、体温、呼吸、皮肤、被毛、可视黏膜、胸廓、腹部及体表淋巴结，排泄动作及排泄物性状等。

4.4.2 检查内容

4.4.2.1 出现行为异常，有攻击性行为，狂暴不安，发出刺耳的叫声，肌肉震颤，步履蹒跚，流涎等症状的，怀疑患狂犬病。

4.4.2.2 出现呕吐，体温升高，不食，腹泻，粪便为水样、黏液性或带血，眼鼻有脓性分泌物等症状的，怀疑患猫泛白细胞减少症。

4.5 实验室疫病检测

4.5.1 对怀疑患有本规程规定疫病及临床检查发现其他异常情况的，应当按照相应疫病防治技术规范进行实验室检测。

4.5.2 需要进行实验室疫病检测的，应当逐只开展检测。

5. 检疫结果处理

5.1 检疫合格的，逐只出具动物检疫证明。官方兽医应当及时将动物检疫证明有关信息上传至动物检疫管理信息化系统。

5.2 检疫不合格的，出具检疫处理通知单，并按照下列规定处理。

5.2.1 发现申报主体信息与检疫申报单不符的，货主按规定补正后，方可重新申报检疫。

5.2.2 发现患有本规程规定动物疫病的，应及时向农业农村部门或者动物疫病预防控制机构报告，按照相应疫病防治技术规范规定处理。

5.2.3 发现患有本规程规定检疫对象以外动物疫病，影响动物健康的，应及时向农业农村部门或者动物疫病预防控制机构报告，按规定采取相应防疫措施。

5.2.4 发现不明原因死亡或怀疑为重大动物疫情的，应当按照《动物防疫法》《重大动物疫情应急条例》和《农业农村部关于做好动物疫情报告等有关工作的通知》（农医发〔2018〕22号）的有关规定处理。

5.2.5 发现病死猫的，按照《病死及病害动物无害化处理技术规范》等规定处理。

5.2.6 发现货主提供虚假申报材料等涉嫌违反有关法律法规情形的，应当及时向农业农村部门报告，由农业农村部门按照规定处理。

6. 检疫记录

6.1 官方兽医应当及时填写检疫工作记录，详细登记货主姓名、地址、申报检疫时间、检疫时间、检疫地点、检疫动物种类、数量及用途、检疫处理、检疫证明编号等。

6.2 检疫申报单和检疫工作记录保存期限不得少于12个月。

6.3 电子记录与纸质记录具有同等效力。

七、兔产地检疫规程

1. 适用范围

本规程规定了兔产地检疫的检疫范围及对象、检疫合格标准、检疫程序、检疫结果处理和检疫记录。

本规程适用于中华人民共和国境内兔及其原毛、绒的产地检疫。

2. 检疫范围及对象

2.1 检疫范围

2.1.1 动物

《国家畜禽遗传资源目录》规定的兔。

2.1.2 动物产品

本规程规定兔的原毛、绒。

2.2 检疫对象

兔出血症、兔球虫病。

3. 检疫合格标准

3.1 兔

3.1.1 来自非封锁区及未发生相关动物疫情的饲养场（户）。

3.1.2 申报材料符合本规程规定。

3.1.3 临床检查健康。

3.1.4 需要进行实验室疫病检测的，检测结果合格。

3.2 原毛、绒

3.2.1 来自非封锁区及未发生相关动物疫情的饲养场（户）。

3.2.2 申报材料符合本规程规定。

3.2.3 供体动物临床检查健康。

3.2.4 原毛、绒按有关规定消毒。

4. 检疫程序

4.1 申报检疫

4.1.1 兔

货主应当提前3天向所在地动物卫生监督机构申报检疫，并提供以下材料：

4.1.1.1 检疫申报单。

4.1.1.2 需要进行实验室疫病检测的，提供申报前7日内出具的实验室疫病检测报告。

4.1.1.3 已经取得产地检疫证明的兔，从专门经营动物的集贸市场继续出售或运输的，或者展示、演出、比赛后需要继续运输的，提供检疫申报单、原始检疫证明和完整进出场记录；原始检疫证明超过调运有效期的，还应当提供兔出血症实验室疫病检测报告。

4.1.2 原毛、绒

货主应当提前3天向所在地动物卫生监督机构申报检疫，并提供以下材料：

4.1.2.1 检疫申报单。

4.1.2.2 原毛、绒的消毒记录。

鼓励使用动物检疫管理信息化系统申报检疫。

4.2 申报受理

动物卫生监督机构接到检疫申报后，应当及时对申报材料进行审查。根据申报材料审查情况和当地相关动物疫情状况，决定是否予以受理。受理的，应当及时指派官方兽医或协检人员到现场或指定地点核实信息，开展临床健康检查；不予受理的，应当说明理由。

4.3 查验材料

4.3.1 兔

4.3.1.1 查验申报主体身份信息是否与检疫申报单相符。

4.3.1.2 查验饲养场动物防疫条件合格证和养殖档案，了解生产、免疫、监测、诊疗、消毒、无害化处理及相关动物疫病发生情况。

4.3.1.3 了解饲养户生产、免疫、监测、诊疗、消毒、无害化处理及相关动物疫病发生情况。

4.3.1.4 查验实验室疫病检测报告是否符合要求，检测结果是否合格。

4.3.1.5 已经取得产地检疫证明的兔，从专门经营动物的集贸市场继续出售或运输的，或者展示、演出、比赛后需要继续运输的，查验产地检疫证明是否真实并在调运有效期内、进出场记录是否完整；产地检疫证明超过调运有效期的，查验兔出血症的实验室疫病检测报告是否符合要求，检测结果是否合格。

4.3.1.6 查验运输车辆、承运单位（个人）及车辆驾驶员是否备案。

4.3.2 原毛、绒

4.3.2.1 按照4.3.1.1—4.3.1.3规定查验相关材料。

4.3.2.2 查验原毛、绒的消毒记录是否符合要求。

4.4 临床检查

4.4.1 检查方法

4.4.1.1 群体检查。从静态、动态和食态等方面进行检查。主要检查兔群体精神状况、呼吸状态、运动状态、饮水饮食、排泄物性状等。

4.4.1.2 个体检查。通过视诊、触诊、听诊等方法进行检查。主要检查兔个体精神状况、体温、呼吸、皮肤、被毛、可视黏膜、胸廓、腹部及体表淋巴结，排泄动作及排泄物性状等。

4.4.2 检查内容

4.4.2.1 出现体温升高到41℃以上，全身性出血，鼻孔中流出泡沫状血液；有些出现呼吸急促，食欲不振，渴欲增加，精神委顿，挣扎、啃咬笼架等兴奋症状；全身颤抖，四肢乱蹬，惨叫；肛门常松弛，流出附有淡黄色黏液的粪便，肛门周围被毛被污染；被毛粗乱，迅速消瘦等症状的，怀疑患兔出血症。

4.4.2.2 出现食欲减退或废绝，精神沉郁，动作迟缓，伏卧不动，眼、鼻分泌物增多，眼结膜苍白或黄染，唾液分泌增多，口腔周围被毛潮湿，腹泻或腹泻与便秘交替出现，尿频或常呈排尿姿势，后肢和肛门周围被粪便污染，腹围增大，肝区触诊疼痛，后期出现神经症状，极度衰竭死亡的，怀疑患兔球虫病。

4.5 实验室疫病检测

4.5.1 对怀疑患有本规程规定疫病及临床检查发现其他异常情况的，应当按照相应疫病防治技术规范进行实验室检测。

4.5.2 需要进行实验室疫病检测的，抽检比例应不低于5%；原则上不少于5只，数量不足5只的要全部检测。

4.5.3 省内调运的种兔可参照《跨省调运乳用种用家畜产地检疫规程》进行实验室疫病检测，并提供相应检测报告。

5. 检疫结果处理

5.1 检疫合格

5.1.1 兔

检疫合格，且运输车辆、承运单位（个人）及车辆驾驶员备案符合要求的，出具动物检疫证明；运输车辆、承运单位（个人）及车辆驾驶员备案不符合要求的，应当及时向农业农村部门报告，由农业农村部门责令改正的，方可出具动物检疫证明。官方兽医应当及时将动物检疫证明有关信息上传至动物检疫管理信息化系统。

5.1.2 原毛、绒

检疫合格的，出具动物检疫证明，按规定加施检疫标志。官方兽医应当及时将动物检疫证明有关信息上传至动物检疫管理信息化系统。

5.2 检疫不合格的，出具检疫处理通知单，并按照下列规定处理。

5.2.1 兔

5.2.1.1 发现申报主体信息与检疫申报单不符的，货主按规定补正后，方可重新申报检疫。

5.2.1.2 发现患有本规程规定动物疫病的，应及时向农业农村部门或者动物疫病预防控制机构报告，按照相应疫病防治技术规范规定处理。

5.2.1.3 发现患有本规程规定检疫对象以外动物疫病，影响动物健康的，应及时向农业农村部门或者动物疫病预防控制机构报告，按规定采取相应防疫措施。

5.2.1.4 发现不明原因死亡或怀疑为重大动物疫情的，应当按照《动物防疫法》《重大动物疫情应急条例》和《农业农村部关于做好动物疫情报告等有关工作的通知》(农医发〔2018〕22号)的有关规定处理。

5.2.1.5 发现病死兔的，按照《病死畜禽和病害畜禽产品无害化处理管理办法》等规定处理。

5.2.1.6 发现货主提供虚假申报材料、养殖档案不符合规定等涉嫌违反有关法律法规情形的，应当及时向农业农村部门报告，由农业农村部门按照规定处理。

5.2.2 原毛、绒

5.2.2.1 发现申报主体信息与检疫申报单不符的，货主按规定补正后，方可重新申报检疫。

5.2.2.2 发现供体动物染疫、疑似染疫或者死亡的，分别按照 5.2.1.2—5.2.1.5 的规定处理。

5.2.2.3 原毛、绒未按照规定消毒的，货主按规定对动物产品消毒后，方可重新申报检疫。

5.2.2.4 发现货主提供虚假申报材料、养殖档案不符合规定等涉嫌违反有关法律法规的，应当及时向农业农村部门报告，由农业农村部门按照规定处理。

6. 检疫记录

6.1 官方兽医应当及时填写检疫工作记录，详细登记货主姓名、地址、申报检疫时间、检疫时间、检疫地点、检疫动物或动物产品种类、数量及用途、检疫处理、检疫证明编号等。

6.2 检疫申报单和检疫工作记录保存期限不得少于12个月。

6.3 电子记录与纸质记录具有同等效力。

八、水貂等非食用动物检疫规程

1. 适用范围

本规程规定了水貂等非食用动物检疫的检疫范围及对象、检疫合格标准、检疫程序、检疫结果处理和检疫记录。

本规程适用于中华人民共和国境内人工饲养的水貂、银狐、北极狐、貉及其生皮的产地检疫。

2. 检疫范围及对象

2.1 检疫范围

2.1.1 动物

《国家畜禽遗传资源目录》规定的水貂、银狐、北极狐、貉等非食用性动物。

2.1.2 动物产品

本规程规定动物的生皮。

2.2 检疫对象

狂犬病、炭疽、伪狂犬病、犬瘟热、水貂病毒性肠炎、犬传染性肝炎、水貂阿留申病。

3. 检疫合格标准

3.1 动物

3.1.1 来自非封锁区及未发生相关动物疫情的饲养场（户）。

3.1.2 申报材料符合本规程规定。

3.1.3 临床检查健康。

3.1.4 需要进行实验室疫病检测的，检测结果合格。

3.2 生皮

3.2.1 来自非封锁区及未发生相关动物疫情的饲养场（户）。

3.2.2 申报材料符合本规程规定。

3.2.3 按有关规定消毒。

4. 检疫程序

4.1 申报检疫

4.1.1 动物

货主应当提前3天向所在地动物卫生监督机构申报检疫，并提供以下材料：

4.1.1.1 检疫申报单。

4.1.1.2 需要进行实验室疫病检测的，提供申报前7日内出具的实验室疫病检测报告。

4.1.1.3 已经取得产地检疫证明的动物，从专门经营动物的集贸市场继续出售或运输的，或者展示、演出、比赛后需要继续运输的，提供检疫申报单、原始检疫证明和完整进出场记录。

4.1.2 生皮

货主应当提前3天向所在地动物卫生监督机构申报检疫，并提供以下材料：

4.1.2.1 检疫申报单。

4.1.2.2 生皮的消毒记录。

鼓励使用动物检疫管理信息化系统申报检疫。

4.2 申报受理

动物卫生监督机构接到检疫申报后，应当及时对申报材料进行审查。根据申报材料审查情况和当地相关动物疫情状况，决定是否予以受理。受理的，应当及时指派官方兽医或协检人员到现场或指定地点核实信息，开展临床健康检查；不予受理的，应当说明理由。

4.3 查验材料

4.3.1 动物

4.3.1.1 查验申报主体身份信息是否与检疫申报单相符。

4.3.1.2 查验饲养场动物防疫条件合格证和养殖档案，了解生产、免疫、监测、诊疗、消毒、无害化处理及相关动物疫病发生等情况。

4.3.1.3 了解饲养户养殖及相关动物疫病发生情况。

4.3.1.4 查验实验室疫病检测报告是否符合要求，检测结果是否合格。

4.3.1.5 已经取得产地检疫证明的动物，从专门经营动物的集贸市场继续出售或运输的，或者展示、演出、比赛后需要继续运输的，查验动物检疫证明是否真实、进出场记录是否完整。

4.3.1.6 查验运输车辆、承运单位（个人）及车辆驾驶员是否备案。

4.3.2 生皮

4.3.2.1 按照4.3.1.1—4.3.1.3规定查验相关材料。

4.3.2.2 查验消毒记录是否符合要求。

4.4 临床检查

4.4.1 检查方法

4.4.1.1 群体检查。从静态、动态和食态等方面进行检查。主要检查动物群体精神状况、呼吸状态、运动状态、饮水饮食情况及排泄物性状等。

4.4.1.2 个体检查。通过视诊、触诊和听诊等方法进行检查。主要检查动物个体精神状况、体温、呼吸、皮肤、被毛、可视黏膜、胸腹部及体表淋巴结，排泄动作及排泄物性状等。

4.4.2　检查内容

4.4.2.1　出现特有的狂躁、恐惧不安、怕风怕水、流涎和咽肌痉挛，最终发生瘫痪而危及生命，怀疑患狂犬病。

4.4.2.2　出现原因不明而突然死亡或可视黏膜发绀、高热、病情发展急剧，死后天然孔出血、血凝不良、尸僵不全等，怀疑患炭疽。

4.4.2.3　水貂出现呕吐、舌头外伸，食欲不振，后肢瘫痪、拖着身子爬行，严重的四肢瘫痪，个别咬笼死亡，口腔内大量泡沫黏液；狐狸、貉表现为咬毛，撕咬身体某个部位，用爪挠伤脸部、眼部、嘴角，舌头外伸，呕吐，犬坐样姿势，兴奋性增高，有的鼻子出血，有时在笼内转圈，有时闯笼咬笼，最后精神沉郁死亡的，怀疑患伪狂犬病。

4.4.2.4　出现体温升高，呈间歇性；有流泪、眼结膜发红、眼分泌物液状或黏脓性；鼻镜发干，浆液性鼻液或脓性鼻液；有干咳或湿咳，呼吸困难。脚垫角化、鼻部角化，严重者有神经性症状；癫痫、转圈、站立姿势异常、步态不稳、共济失调、咀嚼肌及四肢出现阵发性抽搐等，怀疑患犬瘟热。

4.4.2.5　出现体温升高，食欲不振；呕吐、腹泻，粪便在发病初期呈乳白色，后期呈粉红色；部分出现耸肩弓背症状，怀疑患水貂病毒性肠炎。

4.4.2.6　出现呕吐、腹痛、腹泻症状后数小时内急性死亡；精神沉郁、寒战怕冷、体温升高，食欲废绝、喜喝水，呕吐、腹泻；贫血、黄疸、咽炎、扁桃体炎、淋巴结肿大，角膜水肿、角膜变蓝、角膜混浊由角膜中心向四周扩展，重者导致角膜穿孔，眼睛半闭，羞明流泪，有大量浆液性分泌物流出，怀疑患犬传染性肝炎。

4.4.2.7 出现食欲减退或丧失，精神沉郁，逐渐衰竭，死前出现痉挛，病程2—3天；极度口渴，食欲下降，生长缓慢，逐渐消瘦，可视黏膜苍白、出血和溃疡，怀疑患水貂阿留申病。

4.5 实验室疫病检测

4.5.1 对怀疑患有本规程规定疫病及临床检查发现其他异常情况的，应当按照相应疫病防治技术规范进行实验室检测。

4.5.2 动物需要进行实验室疫病检测的，抽检比例应不低于10%，原则上不少于10只，数量不足10只的要全部检测。

5. 检疫结果处理

5.1 检疫合格

5.1.1 动物

检疫合格，且运输车辆、承运单位（个人）及车辆驾驶员备案符合要求的，出具动物检疫证明；运输车辆、承运单位（个人）及车辆驾驶员备案不符合要求的，应当及时向农业农村部门报告，由农业农村部门责令改正的，方可出具动物检疫证明。官方兽医应当及时将动物检疫证明有关信息上传至动物检疫管理信息化系统。

5.1.2 生皮

检疫合格的，出具动物检疫证明，按规定加施检疫标志。官方兽医应当及时将动物检疫证明有关信息上传至动物检疫管理信息化系统。

5.2 检疫不合格的，出具检疫处理通知单，并按照下列规定处理。

5.2.1 动物

5.2.1.1 发现申报主体信息与检疫申报单不符的，货主按规定补正后，方可重新申报检疫。

5.2.1.2 发现患有本规程规定动物疫病的，应及时向农业农村部门或者动物疫病预防控制机构报告，按照相应疫病防治技术规范规定处理。

5.2.1.3 发现患有本规程规定检疫对象以外动物疫病，影响动物健康的，应及时向农业农村部门或者动物疫病预防控制机构报告，按规定采取相应防疫措施。

5.2.1.4 发现不明原因死亡或怀疑为重大动物疫情的，应当按照《动物防疫法》《重大动物疫情应急条例》和《农业农村部关于做好动物疫情报告等有关工作的通知》（农医发〔2018〕22号）的有关规定处理。

5.2.1.5 发现病死动物的，按照《病死畜禽和病害畜禽产品无害化处理管理办法》等规定处理。

5.2.1.6 发现货主提供虚假申报材料、养殖档案不符合规定等涉嫌违反有关法律法规情形的，应当及时向农业农村部门报告，由农业农村部门按照规定处理。

5.2.2 生皮

5.2.2.1 发现申报主体信息与检疫申报单不符的，货主按规定补正后，方可重新申报检疫。

5.2.2.2 发现饲养场（户）动物染疫、疑似染疫或者死亡的，分别按照5.2.1.2—5.2.1.5的规定处理。

5.2.2.3 生皮未按照规定消毒的，货主按规定对动物产品消毒后，方可重新申报检疫。

5.2.2.4 发现货主提供虚假申报材料、养殖档案不符合规定等涉嫌违反有关法律法规的，应当及时向农业农村部门报告，由农业农村部门按照规定处理。

6. 检疫记录

6.1 官方兽医应当及时填写检疫工作记录，详细登记货主姓名、地址、申报检疫时间、检疫时间、检疫地点、检疫动物或动物产品种类、数量及用途、检疫处理、检疫证明编号等。

6.2 检疫申报单和检疫工作记录保存期限不得少于12个月。

6.3 电子记录与纸质记录具有同等效力。

九、蜜蜂产地检疫规程

1. 适用范围

本规程规定了蜜蜂产地检疫的检疫对象、检疫合格标准、检疫程序、检疫结果处理和检疫记录。

本规程适用于中华人民共和国境内蜜蜂的产地检疫。

2. 术语和定义

下列术语和定义适用于本规程。

2.1 蜂群。蜜蜂的社会性群体。蜜蜂自然生存和蜂场饲养管理的基本单位，由蜂王、雄蜂和工蜂组成。

2.2 蜜粉源地。能提供花蜜、花粉，进行养蜂生产的蜜、粉源植物生长地。

2.3 巢房。由蜜蜂修造的，供蜜蜂栖息、育虫、贮存食物的六角形蜡质结构，是构成巢脾的基本单位。

2.4 巢脾。蜂巢的组成部分，由蜜蜂筑造、双面布满巢房的蜡质结构。

2.5 子脾。存在蜜蜂卵、幼虫或蛹的巢脾。

2.6 花子现象。蜜蜂子脾因蜂病造成卵、幼虫、蛹、空房间杂乱排列的现象。

3. 检疫对象

美洲蜜蜂幼虫腐臭病、欧洲蜜蜂幼虫腐臭病、蜜蜂孢子虫病、白垩病、瓦螨病、亮热厉螨病。

4. 检疫合格标准

4.1 蜂场所在地区域内未发生本规程规定的动物疫病。

4.2 申报材料符合本规程规定。

4.3 蜂群临床检查健康，蜂螨平均寄生密度（螨数/检查蜂数）在0.1以下。

4.4 需要进行实验室疫病检测的，检测结果合格。

5. 检疫程序

5.1 申报检疫

蜂群自原驻地和自最远蜜粉源地启运前，货主应当提前3天向所在地动物卫生监督机构申报检疫，并提供以下材料：

5.1.1 检疫申报单。

5.1.2 自最远蜜粉源地启运前，还需提供原始检疫证明。

鼓励使用动物检疫管理信息化系统申报检疫。

5.2 申报受理

动物卫生监督机构在接到检疫申报后，应当及时对申报材料进行审查，根据申报材料审查情况和当地动物疫病发生状况，决定是否予以受理。受理的，应当及时指派官方兽医或协检人员到现场或指定地点核实信息，开展临床健康检查；不予受理的，应当说明理由。

5.3 查验材料

5.3.1 查验申报主体身份信息是否与检疫申报单相符。

5.3.2 自最远蜜粉源地启运的，需查验原始检疫证明。

5.4 临床检查

5.4.1 检查方法

5.4.1.1 蜂群检查

5.4.1.1.1 箱外观察。了解蜂群来源、转场、蜜源、发病及治疗等情况，观察全场蜂群活动状况、核对蜂群箱数，观察蜂箱门口和附近场地蜜蜂飞行及活动情况，有无爬蜂、死蜂和蜂翅残缺不全的幼蜂。

5.4.1.1.2 抽样检查。按照至少5%（不少于5箱）的比例抽查蜂箱，依次打开蜂箱盖、副盖，检查巢脾、巢框、箱壁和箱底的蜜蜂有无异常行为；查看箱底有无死蜂；子脾上卵虫排列是否整齐，色泽是否正常。

5.4.1.2 个体检查。对成年蜂和子脾进行检查。

5.4.1.2.1 成年蜂。主要检查蜂箱门口和附近场地上蜜蜂的状况。

5.4.1.2.2 子脾。每群蜂取封盖或未封盖子脾2张以上，主要检查子脾上的未封盖幼虫或封盖幼虫和蛹的状况。

5.4.2 检查内容

5.4.2.1 子脾上出现幼虫日龄极不一致，出现"花子现象"，在封盖子脾上，巢房封盖出现发黑，湿润下陷，并有针头大的穿孔，腐烂后的幼虫（9—11日龄）尸体呈黑褐色并具有黏性，挑取时能拉出2—5cm的丝；或干枯成脆质鳞片状的干尸，有难闻的腥臭味，怀疑患美洲蜜蜂幼虫腐臭病。

5.4.2.2 在未封盖子脾上，出现虫卵相间的"花子现象"，死亡的小幼虫（2—4日龄）呈淡黄色或黑褐色，无黏性，且发现大量空巢房，有酸臭味，怀疑患欧洲蜜蜂幼虫腐臭病。

5.4.2.3 在巢框上或巢门口发现黄棕色粪迹，蜂箱附近场地上出现腹部膨大、腹泻、失去飞翔能力的蜜蜂，怀疑患黏蜜蜂孢子虫病。

5.4.2.4 在箱底或巢门口发现大量体表布满菌丝或孢子囊，质地紧密的白垩状幼虫或近黑色的幼虫尸体时，判定为白垩病。

5.4.2.5 在巢门口或附近场地上出现蜂翅残缺不全或无翅的幼蜂爬行，以及死蛹被工蜂拖出等情况时，怀疑患瓦螨病或亮热厉螨病。从2个以上子脾中随机挑取50个封盖房，逐个检查封盖幼虫或蜂蛹体表有无蜂螨寄生。其中一个蜂群的狄斯瓦螨平均寄生密度达到0.1以上，判定为瓦螨病；其中一个蜂群的梅氏热厉螨平均寄生密度达到0.1以上，判定为亮热厉螨病。

5.5　实验室疫病检测

对怀疑患有本规程规定疫病及临床检查发现其他异常情况的，应当进行实验室检测。

6. 检疫结果处理

6.1　检疫合格的，出具动物检疫证明，有效期为6个月，且从原驻地至最远蜜粉源地或从最远蜜粉源地至原驻地单程有效，同时在备注栏中标明运输路线。官方兽医应当及时将动物检疫证明有关信息上传至动物检疫管理信息化系统。

6.2　检疫不合格的，出具检疫处理通知单，并按照下列规定处理。

6.2.1　发现申报主体信息与检疫申报单不符的，要求货主重新申报检疫。

6.2.2　发现患有本规程规定动物疫病的，应及时向农业农村部门或者动物疫病预防控制机构报告，货主须按照有关规定处理。临床症状消失7天后，无新发病例方可再次申报检疫。

6.2.3　发现患有本规程规定检疫对象以外动物疫病的，应及时向农业农村部门或者动物疫病预防控制机构报告，按规定采取相应防疫措施。

6.2.4　发现不明原因死亡或怀疑为重大动物疫情的，应当按照《动物防疫法》《重大动物疫情应急条例》和《农业农村部关于做好动物疫情报告等有关工作的通知》（农医发〔2018〕22号）的有关规定处理。

6.2.5　发现病死动物的，按照《病死及病害动物无害化处理技术规范》等规定处理。

6.2.6 发现货主提供虚假申报材料等涉嫌违反有关法律法规情形的，应当及时向农业农村部门报告，由农业农村部门按照规定处理。

7. 检疫记录

7.1 官方兽医应当及时填写检疫工作记录，详细登记货主姓名、地址、申报检疫时间、检疫时间、检疫地点、检疫动物种类、数量及用途、检疫处理、检疫证明编号等。

7.2 检疫申报单和检疫工作记录保存期限不得少于12个月。

7.3 电子记录与纸质记录具有同等效力。

十、跨省调运乳用种用家畜产地检疫规程

1. 适用范围

本规程规定了跨省、自治区、直辖市调运乳用种用家畜产地检疫的检疫范围及对象、检疫合格标准、检疫程序、检疫结果处理和检疫记录。

本规程适用于中华人民共和国境内跨省、自治区、直辖市调运乳用种用家畜及其精液、胚胎的产地检疫。

2. 检疫范围及对象

2.1 检疫范围

2.1.1 乳用、种用家畜。

2.1.1.1 用于生产供人类食用或加工用生鲜乳的奶牛、奶山羊等乳用家畜。

2.1.1.2 经过选育、具有种用价值、适于繁殖后代的种猪、种牛、种羊、种马（驴）、种兔等种用家畜。

2.1.2 动物产品

本规程规定种用家畜的精液、胚胎。

2.2 检疫对象

2.2.1 猪：口蹄疫、非洲猪瘟、猪瘟、猪繁殖与呼吸综合征、炭疽、伪狂犬病、猪细小病毒感染、猪丹毒。

2.2.2 牛：口蹄疫、布鲁氏菌病、炭疽、牛结核病、牛结节性皮肤病、地方流行性牛白血病、牛传染性鼻气管炎（传染性脓疱外阴阴道炎）。

2.2.3 羊：口蹄疫、小反刍兽疫、布鲁氏菌病、炭疽、蓝舌病、绵羊痘和山羊痘、山羊传染性胸膜肺炎。

2.2.4 鹿、骆驼、羊驼：口蹄疫、布鲁氏菌病、炭疽、牛结核病。

2.2.5 马（驴）：马传染性贫血、马鼻疽、马流感、马腺疫、马鼻肺炎。

2.2.6 兔：兔出血症、兔球虫病。

3. 检疫合格标准

3.1 乳用、种用家畜

3.1.1 来自非封锁区及未发生相关动物疫情的饲养场。

3.1.2 申报材料符合本规程规定。

3.1.3 按照规定进行了强制免疫，并在有效保护期内。

3.1.4 畜禽标识符合规定。

3.1.5 临床检查健康。

3.1.6 需要进行实验室疫病检测的，检测结果合格。

3.1.7 跨省、自治区、直辖市引进的乳用种用家畜到达输入地隔离观察合格后需要继续运输的，隔离观察符合规定。

3.2 精液、胚胎

3.2.1 来自非封锁区及未发生相关动物疫情的饲养场。

3.2.2 申报材料符合本规程规定。

3.2.3 供体动物符合本规程3.1.3—3.1.6的规定。

3.2.4 精液和胚胎的采集、销售、移植记录完整。

4. 检疫程序

4.1 申报检疫

4.1.1 乳用、种用家畜

货主应当提前3天向所在地动物卫生监督机构申报检疫，并提供以下相应材料：

4.1.1.1 检疫申报单。

4.1.1.2 需要实施检疫家畜养殖档案中的强制免疫记录。

4.1.1.3 饲养场的动物防疫条件合格证、种畜禽生产经营许可证。

4.1.1.4 需要进行实验室疫病检测的，提供实验室疫病检测报告。

4.1.1.5 跨省、自治区、直辖市引进乳用种用家畜到达输入地隔离观察合格后需要继续运输的，提供检疫申报单、原始检疫证明、隔离观察记录及饲养场或隔离场出具的乳用种用家畜隔离检查证书。

4.1.2 精液、胚胎

货主应当提前3天向所在地动物卫生监督机构申报检疫，并提供以下相应材料：

4.1.2.1 检疫申报单。

4.1.2.2 需要实施检疫精液、胚胎供体动物养殖档案中的强制免疫记录。

4.1.2.3 饲养场的动物防疫条件合格证、种畜禽生产经营许可证。

4.1.2.4 需要进行实验室疫病检测的，提供供体动物实验室疫病检测报告。

4.1.2.5 精液和胚胎的采集、销售、移植记录。

鼓励使用动物检疫管理信息化系统申报检疫。

4.2 申报受理

动物卫生监督机构接到检疫申报后，应当及时对申报材料进行审查。根据申报材料审查情况和当地相关动物疫情状况，决定是否予以受理。受理的，应当及时指派官方兽医或协检人员到现场或指定地点核实信息，开展临床健康检查；不予受理的，应当说明理由。

4.3 查验材料及畜禽标识

4.3.1 乳用、种用家畜

4.3.1.1 查验申报主体身份信息是否与检疫申报单相符。

4.3.1.2 查验饲养场动物防疫条件合格证、种畜禽生产经营许可证和养殖档案，了解生产、免疫、监测、诊疗、消毒、无害化处理及相关动物疫病发生情况，确认家畜已按规定进行强制免疫，并在有效保护期内。

4.3.1.3 查验畜禽标识加施情况，确认其佩戴的畜禽标识与检疫申报单、相关档案记录相符。

4.3.1.4 查验实验室疫病检测报告是否符合要求，检测结果是否合格。

4.3.1.5 跨省、自治区、直辖市引进乳用种用家畜到达输入地隔离观察合格后需要继续运输的，查验原始检疫证明、隔离观察记录、乳用种用家畜隔离检查证书。

4.3.1.6 查验运输车辆、承运单位（个人）及车辆驾驶员是否备案。

4.3.2 精液、胚胎

4.3.2.1 按照4.3.1.1—4.3.1.4规定查验相关材料。

4.3.2.2 查验精液、胚胎的采集、存贮、销售记录是否符合要求。

4.4 临床检查

按照相关动物产地检疫规程要求开展临床检查外，还应当做下列疫病检查。

4.4.1 发现母猪返情、空怀，妊娠母猪流产、产死胎、木乃伊胎等，公猪睾丸肿胀、萎缩等症状的，怀疑患伪狂犬病。

4.4.2 发现母猪，尤其是初产母猪产仔数少、流产、产死胎、木乃伊胎及发育不正常胎等症状的，怀疑感染细小病毒。

4.4.3 发现体表淋巴结肿大，贫血，可视黏膜苍白，精神衰弱，食欲不振，体重减轻，呼吸急促，后驱麻痹乃至跛行瘫痪，周期性便秘及腹泻等症状的，怀疑患地方流行性牛白血病。

4.4.4 发现体温升高，精神委顿，流黏脓性鼻液，鼻黏膜充血，呼吸困难，呼出气体恶臭；外阴和阴道黏膜充血潮红，有时黏膜上面散在有灰黄色、粟粒大的脓疱，阴道内见有多量的黏脓性分泌物等症状的，怀疑患牛传染性鼻气管炎（传染性脓疱外阴阴道炎）。

4.5 实验室疫病检测

4.5.1 检测疫病种类

4.5.1.1 猪：非洲猪瘟。

4.5.1.2 牛：布鲁氏菌病、牛结核病。

4.5.1.3 羊：布鲁氏菌病、小反刍兽疫。

4.5.1.4 鹿、骆驼、羊驼：口蹄疫、布鲁氏菌病、牛结核病。

4.5.1.5 马（驴）：马传染性贫血、马鼻疽。

4.5.1.6 兔：兔出血症。

4.5.1.7 精液、胚胎：检测其供体动物相关动物疫病。

4.5.2 通过农业农村部评审并公布的非洲猪瘟等动物疫病无疫小区、国家级动物疫病净化场，无需开展相应疫病的检测。

5. 检疫结果处理

参照《生猪产地检疫规程》《反刍动物产地检疫规程》《马属动物产地检疫规程》《兔产地检疫规程》做好检疫结果处理。

6. 检疫记录

参照《生猪产地检疫规程》《反刍动物产地检疫规程》《马属动物产地检疫规程》《兔产地检疫规程》做好检疫记录。

附录：乳用种用家畜实验室疫病检测要求

附录1

乳用种用家畜实验室疫病检测要求

疫病名称	病原学检测			抗体检测			备注
	检测方法	数量	时限	检测方法	数量	时限	
非洲猪瘟	见《非洲猪瘟诊断技术》（GB/T18648-2020）	100%	调运前7天	无	无	无	抗原阴性或病毒核酸阴性为合格
口蹄疫	见《口蹄疫防治技术规范》《口蹄疫诊断技术》（GB/T18935-2003）	100%	调运前3个月内	见《口蹄疫防治技术规范》《口蹄疫诊断技术》（GB/T18935-2003）	100%	调运前1个月内	抗原检测阴性或病毒核酸阴性，抗体检测符合规定为合格
布鲁氏菌病	无	无	无	见《布鲁氏菌病防治技术规范》《动物布鲁氏菌病诊断技术》（GB/T18646-2018）	100%	调运前1个月内	种用动物、未实施布鲁氏菌病免疫的乳用动物检测结果阴性为合格；实施布鲁氏菌病免疫的乳用动物出具真实、完整的免疫记录

（续表）

疫病名称	病原学检测			抗体检测			备注
	检测方法	数量	时限	检测方法	数量	时限	
牛结核病	无	无	无	见《牛结核病防治技术规范》《动物结核病诊断技术》（GB/T18645-2020）	100%	调运前1个月内	检测结果阴性为合格
小反刍兽疫	无	无	无	见《小反刍兽疫防治技术规范》《小反刍兽疫诊断技术》（GB/T27982-2011）	100%	调运前1个月内	抗体检测符合规定为合格
马传染性贫血	无	无	无	见《马传染性贫血防治技术规范》	100%	调运前1个月内	抗体检测阴性为合格
马鼻疽	无	无	无	见《马鼻疽防治技术规范》《马鼻疽诊断技术》（NY/T557-2021）	100%	调运前1个月内	鼻疽菌素点眼试验阴性为合格
兔出血症	无	无	无	见《兔病毒性出血症血凝和血凝抑制试验方法》（NY/T572-2016）	100%	调运前1个月内	抗体监测符合规定为合格

十一、跨省调运种禽产地检疫规程

1. 适用范围

本规程规定了跨省、自治区、直辖市调运种禽产地检疫的检疫范围及对象、检疫合格标准、检疫程序、检疫结果处理和检疫记录。

本规程适用于中华人民共和国境内跨省、自治区、直辖市调运种禽及种蛋的产地检疫。

2. 检疫范围及对象

2.1 检疫范围

2.1.1 种禽

经过选育、具有种用价值、适于繁殖后代的种鸡、种鸭、种番鸭、种鹅等种禽。

2.1.2 种蛋

本规程规定种禽的种蛋。

2.2 检疫对象

高致病性禽流感、新城疫、鸭瘟、小鹅瘟、禽白血病、马立克病、禽痘、禽网状内皮组织增殖病。

3. 检疫合格标准

3.1 种禽

3.1.1 来自非封锁区及未发生相关动物疫情的饲养场。

3.1.2 申报材料符合本规程规定。

3.1.3 按照规定进行了强制免疫，并在有效保护期内。

3.1.4 临床检查健康。

3.1.5 需要进行实验室疫病检测的，检测结果合格。

3.1.6 跨省、自治区、直辖市引进的种禽到达输入地隔离观察合格后需要继续运输的，隔离观察符合规定。

3.2 种蛋

3.2.1 来自非封锁区及未发生相关动物疫情的饲养场。

3.2.2 申报材料符合本规程规定。

3.2.3 供体动物符合本规程3.1.3—3.1.5的规定。

3.2.4 收集、消毒记录完整。

4. 检疫程序

4.1 申报检疫

4.1.1 种禽

货主应当提前3天向所在地动物卫生监督机构申报检疫，并提供以下材料：

4.1.1.1 检疫申报单。

4.1.1.2 需要实施检疫种禽养殖档案中的强制免疫记录。

4.1.1.3 饲养场的动物防疫条件合格证、种畜禽生产经营许可证。

4.1.1.4 需要进行实验室疫病检测的，提供实验室疫病检测报告。

4.1.1.5 跨省、自治区、直辖市引进种禽到达输入地隔离观察合格后需要继续运输的，提供检疫申报单、原始检疫证明、隔离观察记录及饲养场或隔离场出具的种禽隔离检查证书。

4.1.2 种蛋

货主应当提前3天向所在地动物卫生监督机构申报检疫，并提供以下相应材料：

4.1.2.1 检疫申报单。

4.1.2.2 需要实施检疫种蛋供体动物养殖档案中的强制免疫记录。

4.1.2.3 饲养场的动物防疫条件合格证、种畜禽生产经营许可证。

4.1.2.4 需要进行实验室疫病检测的，提供供体动物实验室疫病检测报告。

4.1.2.5 种蛋收集、消毒记录。

鼓励使用动物检疫管理信息化系统申报检疫。

4.2 申报受理

动物卫生监督机构接到检疫申报后，应当及时对申报材料进行审查。根据申报材料审查情况和当地相关动物疫情状况，决定是否予以受理。受理的，应当及时指派官方兽医或协检人员到现场或指定地点核实信息，开展临床健康检查；不予受理的，应当说明理由。

4.3 查验材料

4.3.1 种禽

4.3.1.1 查验申报主体身份信息是否与检疫申报单相符。

4.3.1.2 查验饲养场动物防疫条件合格证、种畜禽生产经营许可证和养殖档案，了解生产、免疫、监测、诊疗、消毒、无害化处理及相关动物疫病发生情况，确认动物已按规定进行强制免疫，并在有效保护期内。

4.3.1.3 查验实验室疫病检测报告是否符合要求，检测结果是否合格。

4.3.1.4 跨省、自治区、直辖市引进种禽到达输入地隔离观察合格后需要继续运输的，查验原始检疫证明、隔离观察记录、种禽隔离检查证书。

4.3.1.5 查验运输车辆、承运单位（个人）及车辆驾驶员是否备案。

4.3.2 种蛋

4.3.2.1 按照4.3.1.1—4.3.1.3规定查验相关材料。

4.3.2.2 查验种蛋的收集、消毒记录是否符合要求。

4.4 临床检查

按照《家禽产地检疫规程》要求开展临床检查，还应当开展以下疫病检查。

4.4.1 发现种禽消瘦、头部苍白、腹部增大、产蛋下降等症状的，怀疑患禽白血病。

4.4.2 发现种禽生长受阻、瘦弱、羽毛发育不良等症状的，怀疑感染禽网状内皮组织增殖症。

4.5 实验室疫病检测

4.5.1 检测疫病种类

4.5.1.1 种鸡：高致病性禽流感、新城疫、禽白血病。

4.5.1.2 种鸭、种番鸭：高致病性禽流感、鸭瘟。

4.5.1.3 种鹅：高致病性禽流感、小鹅瘟。

4.5.1.4 种蛋：检测其供体动物相关动物疫病。

4.5.2 通过农业农村部评审并公布的动物疫病无疫小区、国家级动物疫病净化场，无需开展相应疫病的检测。

5. 检疫结果处理

参照《家禽产地检疫规程》做好检疫结果处理。

6. 检疫记录

参照《家禽产地检疫规程》做好检疫记录。

附录：种禽实验室疫病检测要求

种禽实验室疫病检测要求

疫病名称	病原学检测			抗体检测			备注
	检测方法	数量	时限	检测方法	数量	时限	
高致病性禽流感	见《高致病性禽流感防治技术规范》《高致病性禽流感诊断技术》（GB/T18936-2020）	30份/供体栋舍	调运前3个月内	见《高致病性禽流感防治技术规范》《高致病性禽流感诊断技术》（GB/T18936-2020）	0.5%（不少于30份）	调运前1个月内	1.非雏禽查本体；2.病毒核酸检测阴性，抗体检测符合规定为合格
新城疫	无	无	无	见《新城疫防治技术规范》《新城疫诊断技术》（GB/T16550-2020）	0.5%（不少于30份）	调运前1个月内	抗体检测符合规定为合格

（续表）

疫病名称	病原学检测			抗体检测			备注
	检测方法	数量	时限	检测方法	数量	时限	
鸭瘟	见《鸭病毒性肠炎诊断技术》（GB/T22332-2008）	30份/供体栋舍	调运前3个月内	无	无	无	病毒核酸检测阴性为合格
小鹅瘟	见《小鹅瘟诊断技术》（NY/T560-2018）	30份/供体栋舍	调运前3个月内	无	无	无	病毒核酸检测阴性为合格
禽白血病	见《J-亚群禽白血病防治技术规范》《禽白血病诊断技术》（GB/T26436-2010）	30份/供体栋舍	调运前3个月内	ELISA（J亚群抗体,A亚群、B亚群抗体）	0.5%（不少于30份）	调运前1个月内	P27抗原检测阴性,抗体检测符合规定为合格

十二、鱼类产地检疫规程

1. 适用范围

本规程规定了鱼类产地检疫的检疫对象、检疫范围、申报点设置、检疫程序、检疫合格标准、检疫结果处理、检疫文书及管理。

本规程适用于中华人民共和国境内鱼类的产地检疫。

2. 检疫对象及检疫范围

类别	检疫对象	检疫范围
淡水鱼	鲤春病毒血症	鲤、锦鲤、金鱼
	草鱼出血病	青鱼、草鱼
	传染性脾肾坏死病	鳜、鲈
	锦鲤疱疹病毒病	鲤、锦鲤

类别	检疫对象	检疫范围
淡水鱼	传染性造血器官坏死病	虹鳟（包括金鳟）
	鲫造血器官坏死病	鲫、金鱼
	鲤浮肿病	鲤、锦鲤
	小瓜虫病	淡水鱼类
海水鱼	刺激隐核虫病	海水鱼类
	病毒性神经坏死病	石斑鱼

3. 申报点设置

从事水生动物检疫的县级以上动物卫生监督机构应当根据水生动物产地检疫工作需要，合理设置水生动物检疫申报点，并向社会公布。

4. 检疫程序

4.1 检疫申报

申报检疫时，应当提交检疫申报单、水域滩涂养殖证或合法有效的相关合同协议、水产养殖生产记录等资料。

对于从事水产苗种生产的，还应当提交水产苗种生产许可证。有引种的，还应提交过去12个月内引种来源地的动物检疫证明。对于需要实验室检测的，应提交申报前7日内出具的规定疫病的实验室疫病检测报告，其中纳入省级以上水生动物疫病监测计划的，可提交近2年监测结果证明代替。

申报检疫可采取申报点填报或者通过传真、电子数据交换等方式申报。

4.2 申报受理

从事水生动物检疫的县级以上动物卫生监督机构在接到检疫申报后，根据申报资料等，决定是否予以受理。受理的，应当及时指派官方兽医实施检疫，可以安排协检人员协助官方兽医到现场或指定地点核实信息，开展临床健康检查；不予受理的，应说明理由。

水产养殖场的水生动物类执业兽医或者水生动物防疫技术人员，应当协助官方兽医实施检疫。

4.3　查验养殖场防疫状况

查验进出场、饲料、进排水、疾病防治、消毒用药、养殖生产记录和卫生管理等状况，核实养殖场未发生相关水生动物疫情。

4.4　临床检查

4.4.1　检查方法和内容

4.4.1.1　群体检查

鱼类群体活力旺盛，逃避反应明显，外观正常，摄食正常，可判定为群体检查正常。

鱼类群体中若有活力差、逃避反应弱、体色异常、外观缺损、乱窜打转、畸小、翻白、浮头、离群、厌食的个体，可判定为群体检查异常。

4.4.1.2　个体检查。对鱼类群体检查正常的，随机抽样进行个体检查；对鱼类群体检查异常的，优先选择异常个体进行个体检查。通过外观检查，或解剖检查，或显微镜检查等方法进行。

若鱼类外观有异常，包括竖鳞、烂鳍、烂鳃，体表出血、溃疡、囊肿，眼球突出、凹陷、浑浊、充血，肛门红肿、拖便，寄生虫寄生等，出现以上一种或几种症状的，可判定为个体检查异常。

4.4.2　临床检查结果判定

4.4.2.1　群体和个体检查正常，临床检查健康。

4.4.2.2　怀疑患有鲤春病毒血症、草鱼出血病、传染性脾肾坏死病、锦鲤疱疹病毒病、传染性造血器官坏死病、鲫造血器官坏死病、鲤浮肿病、小瓜虫病、刺激隐核虫病、病毒性神经坏死病及临床检查发现其他异常情况的，临床检查不合格。以上病症的具体表现为：

鲤春病毒血症：鲤、锦鲤、金鱼出现眼球突出、腹部膨大、皮肤或鳃出血等症状，解剖可见鳔有点状或斑块状充血，且水温为10—22℃，怀疑患有鲤春病毒血症。

草鱼出血病：青鱼、草鱼出现鳃盖或鳍条基部出血，头顶、口腔、眼眶等处有出血点，解剖查验发现肌肉点状或块状出血、肠壁充血等症状，且水温为20—30℃，怀疑患有草鱼出血病。

传染性脾肾坏死病：鳜、鲈体色发黑，贫血症状明显，头、鳃盖、下颌、眼眶、胸鳍和腹鳍基部、腹部肝区和尾鳍有出血点，鳃黏液增多、糜烂、暗灰，肝肿大、灰白或土灰色、或白灰相间呈花斑状、有小出血点，肾肿大、充血、糜烂、暗红色，脾肿大、糜烂、紫黑色，小肠有黄色透明流晶样物，且水温为25—34℃，怀疑患有传染性脾肾坏死病。

锦鲤疱疹病毒病：鲤、锦鲤出现眼球凹陷、体表有白色块斑、水泡、溃疡、多处出血，尤其是鳍条基部严重出血，鳃出血并产生大量黏液或组织坏死、鳞片有血丝等症状，且水温为15—28℃，怀疑患有锦鲤疱疹病毒病。

传染性造血器官坏死病：虹鳟（包括金鳟）出现体色发黑、眼球突出、昏睡或乱窜打转、肛门处拖着不透明或棕褐色的假管型黏液粪便等症状，且水温为8—15℃，怀疑患有传染性造血器官坏死病。

鲫造血器官坏死病：鲫、金鱼出现体色发黑，体表广泛性充血或出血，鳃丝肿胀或鳃血管易破裂出血，解剖后可见内脏肿大充血，鳔壁出现点状或斑块状充血等症状，且水温为15—28℃，怀疑患有鲫造血器官坏死病。

鲤浮肿病：鲤、锦鲤出现眼球凹陷、体色发黑、昏睡、烂鳃等症状，且水温为20—27℃，怀疑患有鲤浮肿病。

小瓜虫病：淡水鱼类体表和鳃丝有白色点状胞囊、大量黏液、糜烂等症状，镜检小白点可见有马蹄形核、呈旋转运动的虫体，且水温为15—25℃，怀疑患有小瓜虫病。

刺激隐核虫病：海水鱼类体表和鳃出现大量黏液、有许多小白点等症状，镜检小白点可见有圆形或卵圆形、体色不透明、缓慢旋转运动的虫体，且水温为22—30℃，怀疑患有刺激隐核虫病。

病毒性神经坏死病：石斑鱼出现体色发黑、腹部膨大、头部出血、眼球浑浊外凸、鱼体畸形、间歇性乱窜打转、离群或侧躺于池底等症状，且水温为22—25℃，怀疑患有病毒性神经坏死病。

4.5 实验室检测

4.5.1 临床检查不合格的鱼类，应按照《水生动物产地检疫采样技术规范》(SC/T7103-2008)采样送实验室，并按相应疫病检测技术规范进行检测。

4.5.2 跨省、自治区、直辖市运输的鱼类，应按照《水生动物产地检疫采样技术规范》(SC/T7103-2008)采样送实验室，并按相应疫病检测技术规范进行检测。但以下情况除外：(1)临床检查健康，且养殖场已纳入省级以上水生动物疫病监测计划，过去两年内无本规程规定检疫对象阳性的；(2)临床检查健康，且现场采用经农业农村部批准的快速检测试剂盒进行检测，结果为阴性的。

4.5.3 实验室检测应当出具相应的检测报告。

5. 检疫合格标准

5.1 该养殖场未发生相关水生动物疫情。

5.2 申报材料符合动物检疫规程规定。

5.3 临床检查健康。

5.4 需要经实验室检测的，检测结果合格。

6. 检疫结果处理

6.1 经检疫合格的，出具动物检疫证明。

6.2 经检疫不合格的，出具《检疫处理通知单》，并按照有关规定处理。

6.2.1 发现不明原因死亡，或诊断为本规程规定检疫的疫病，应按照《中华人民共和国动物防疫法》、《重大动物疫情应急条例》和农业农村部相关规定处理。

6.2.2 病死水生动物应按照《病死水生动物及病害水生动物产品无害化处理规范》(SC/T7015-2022)和农业农村部相关规定进行无害化处理，费用由货主承担。

7. 检疫记录

7.1 检疫申报单、申报处理结果、检疫申报受理单、检疫合格证明、检疫处理通知单、检疫记录等文书应保存24个月以上。

7.2 电子记录与纸质记录具有同等效力。

十三、甲壳类产地检疫规程

1. 适用范围

本规程规定了甲壳类产地检疫的检疫对象、检疫范围、申报点设置、检疫程序、检疫合格标准、检疫结果处理、检疫文书及管理。

本规程适用于中华人民共和国境内甲壳类的产地检疫。

2. 检疫对象及检疫范围

类别	检疫对象	检疫范围
甲壳类	白斑综合征	对虾、克氏原螯虾
	十足目虹彩病毒病	对虾、克氏原螯虾、罗氏沼虾
	虾肝肠胞虫病	对虾
	急性肝胰腺坏死病	对虾
	传染性肌坏死病	对虾

3. 申报点设置

从事水生动物检疫的县级以上动物卫生监督机构应当根据水生动物产地检疫工作需要，合理设置水生动物检疫申报点，并向社会公布。

4. 检疫程序

4.1 检疫申报

申报检疫时，应当提交检疫申报单、水域滩涂养殖证或合法有效的相关合同协议、水产养殖生产记录等资料。

对于从事水产苗种生产的，还应当提交水产苗种生产许可证。有引种的，还应提交过去12个月内引种来源地的动物检疫证明。对于需要实验室检测的，应提交申报前7日内出具的规定疫病的实验室疫病检测报告，其中纳入省级以上水生动物疫病监测计划的，可提交近2年监测结果证明代替。

申报检疫可采取申报点填报或者通过传真、电子数据交换等方式申报。

4.2 申报受理

从事水生动物检疫的县级以上动物卫生监督机构在接到检疫申

报后，根据申报资料等，决定是否予以受理。受理的，应当及时指派官方兽医实施检疫，可以安排协检人员协助官方兽医到现场或指定地点核实信息，开展临床健康检查；不予受理的，应说明理由。

水产养殖场的水生动物类执业兽医或者水生动物防疫技术人员，应当协助官方兽医实施检疫。

4.3 查验养殖场防疫状况

查验进出场、饲料、进排水、疾病防治、消毒用药、养殖生产记录和卫生管理等状况，核实养殖场未发生相关水生动物疫情。

4.4 临床检查

4.4.1 检查方法和内容

4.4.1.1 群体检查。群体活力旺盛，逃避或反抗反应明显，体色一致，体型正常，个体大小较均匀，摄食正常，可判定为群体检查正常。

在排除处于蜕壳状态的情况下，群体中若有活力差、逃避反应弱，体色发红、发白，外观缺损、畸小、离群、厌食的个体，可判定为群体检查异常。

4.4.1.2 个体检查。对群体检查正常的，随机抽样进行个体检查；对群体检查异常的，优先选择异常个体进行个体检查。通过外观检查，或解剖检查，或显微镜检查等方法进行。

体表若有附着物、白斑、黑斑、红体，附肢、触须及尾扇发红、溃烂、断残，头胸甲易剥离、内侧有白斑，鳃发黄、发黑、肿胀、溃烂，肌肉不透明，空肠空胃，内脏颜色、质地、大小有异常，血淋巴不凝固、颜色浑浊，有寄生虫寄生等，出现以上一种或几种症状，可判定为个体检查异常。

4.4.2 临床检查结果判定

群体和个体检查正常，临床检查健康。

怀疑患有白斑综合征、十足目虹彩病毒病、虾肝肠胞虫病、急性肝胰腺坏死病、传染性肌坏死病及临床检查发现其他异常情况的，临床检查不合格。以上病症的表现为：

白斑综合征：对虾甲壳上出现点状或片状白斑、头胸甲易剥离、虾体发红、血淋巴不凝固等症状；克氏原螯虾出现头胸甲易剥离、血淋巴不凝固等症状，怀疑患有白斑综合征。

十足目虹彩病毒病：对虾、克氏原螯虾甲壳上出现体色变浅，空肠空胃，肝胰腺萎缩等症状；罗氏沼虾额剑基部甲壳下出现明显的白色三角形病变等症状，怀疑患有十足目虹彩病毒病。

虾肝肠胞虫病：对虾出现个体瘦小、肝胰腺颜色深、群体中体长差异大等症状，怀疑患有虾肝肠胞虫病。

急性肝胰腺坏死病：对虾出现甲壳变软，空肠空胃，肝胰腺颜色变浅、萎缩等症状，怀疑患有急性肝胰腺坏死病。

传染性肌坏死病：对虾腹节和尾扇肌肉出现局部至弥散性白色坏死，尾部腹节和尾扇坏死发红，怀疑患有传染性肌坏死病。

4.5 实验室检测

4.5.1 临床检查不合格的甲壳类，应按照《水生动物产地检疫采样技术规范》（SC/T7103-2008）采样送实验室，并按相应疫病检测技术规范进行检测。

4.5.2 跨省、自治区、直辖市运输的甲壳类，应按照《水生动物产地检疫采样技术规范》（SC/T7103-2008）采样送实验室，并按相应疫病检测技术规范进行检测。但以下情况除外：（1）临床检查健康，且养殖场已纳入省级以上水生动物疫病监测计划，过去两年内无本规程规定检疫对象阳性的；（2）临床检查健康，且现场采用经农业农村部批准的快速检测试剂盒进行检测，结果为阴性的。

4.5.3 实验室检测应当出具相应的检测报告。

5. 检疫合格标准

5.1 该养殖场未发生相关水生动物疫情。

5.2 申报材料符合动物检疫规程规定。

5.3 临床检查健康。

5.4 需要经实验室检测的,检测结果合格。

6. 检疫结果处理

6.1 经检疫合格的,出具动物检疫证明。

6.2 经检疫不合格的,出具检疫处理通知单,并按照有关规定处理。

6.2.1 发现不明原因死亡,或诊断为本规程规定检疫的疫病,应按照《中华人民共和国动物防疫法》、《重大动物疫情应急条例》和农业农村部相关规定处理。

6.2.2 病死水生动物应按照《病死水生动物及病害水生动物产品无害化处理规范》(SC/T7015-2022)和农业农村部相关规定进行无害化处理,费用由货主承担。

7. 检疫记录

7.1 检疫申报单、申报处理结果、检疫申报受理单、检疫合格证明、检疫处理通知单、检疫记录等文书应保存24个月以上。

7.2 电子记录与纸质记录具有同等效力。

十四、贝类产地检疫规程

1. 适用范围

本规程规定了贝类产地检疫的检疫对象、检疫范围、申报点设置、检疫程序、检疫合格标准、检疫结果处理、检疫文书及管理。

本规程适用于中华人民共和国境内贝类的产地检疫。

2. 检疫对象及检疫范围

类别	检疫对象	检疫范围
贝类	鲍疱疹病毒病	鲍
	牡蛎疱疹病毒病	牡蛎、扇贝、魁蚶

3. 申报点设置

从事水生动物检疫的县级以上动物卫生监督机构应当根据水生动物产地检疫工作需要，合理设置水生动物检疫申报点，并向社会公布。

4. 检疫程序

4.1 检疫申报

申报检疫时，应当提交检疫申报单、水域滩涂养殖证或合法有效的相关合同协议、水产养殖生产记录等资料。

对于从事水产苗种生产的，还应当提交水产苗种生产许可证。有引种的，还应提交过去12个月内引种来源地的动物检疫证明。对于需要实验室检测的，应提交申报前7日内出具的规定疫病的实验室疫病检测报告，其中纳入省级以上水生动物疫病监测计划的，可提交近2年监测结果证明代替。

4.2 申报受理

从事水生动物检疫的县级以上动物卫生监督机构在接到检疫申报后，根据申报资料等，决定是否予以受理。受理的，应当及时指派官方兽医实施检疫，可以安排协检人员协助官方兽医到现场或指定地点核实信息，开展临床健康检查；不予受理的，应说明理由。

水产养殖场的水生动物类执业兽医或者水生动物防疫技术人员，应当协助官方兽医实施检疫。

4.3 查验养殖场防疫状况

查验进出场、饲料、进排水、疾病防治、消毒用药、养殖生产记录和卫生管理等状况，核实养殖场未发生相关水生动物疫情。

4.4 临床检查

4.4.1 检查方法和内容

4.4.1.1 群体检查。群体活力旺盛，壳纹轮线规则、无损伤，滤水、爬行或喷水行为正常，受刺激时逃避、收斧足、闭壳等反应迅速，腹足吸附牢固，个体大小及重量均匀，可判定为群体检查正常。

群体受刺激时闭壳反应弱、闭合不全、腹足附着不牢固，有空壳，明显偏小、偏轻的个体，可判定为群体检查异常。

4.4.1.2 个体检查。对群体检查正常的，随机抽样进行个体检查；对群体检查异常的，优先选择异常个体进行个体检查。通过外观检查，或解剖检查，或显微镜检查等方法进行。

若有贝壳畸形或穿孔，闭壳反应弱、腹足附着不牢固，内脏团黏液增多、有异味，外套膜萎缩、肿胀、无光泽，鳃丝条理模糊、有损伤，闭壳肌异常着色、有脓疱等，出现以上一种或几种症状的，可判定为个体检查异常。

4.4.2 临床检查结果判定

群体和个体检查正常，临床检查健康。

怀疑患有鲍疱疹病毒病、牡蛎疱疹病毒病及临床检查发现其他异常情况的，临床检查不合格。以上病症的表现为：

鲍疱疹病毒病：鲍出现附着力、爬行能力减弱，分泌黏液增多，外套膜失去弹性等症状，且水温在23℃以下，怀疑患有鲍疱疹病毒病。

牡蛎疱疹病毒病：双壳贝类幼虫活动力下降、沉底，幼贝和成贝出现双壳闭合不全、内脏团苍白，鳃丝糜烂等症状，且水温在13℃以上，怀疑患有牡蛎疱疹病毒病。

4.5 实验室检测

4.5.1 临床检查不合格的贝类，应按照《水生动物产地检疫采样技术规范》（SC/T7103-2008）采样送实验室，并按相应疫病检测技术规范进行检测。

4.5.2 跨省、自治区、直辖市运输的贝类，应按照《水生动物产地检疫采样技术规范》（SC/T7103-2008）采样送实验室，并按相应疫病检测技术规范进行检测。但以下情况除外：（1）临床检查健康，且养殖场已纳入省级以上水生动物疫病监测计划，过去两年内无本规程规定检疫对象阳性的；（2）临床检查健康，且现场采用经农业农村部批准的快速检测试剂盒进行检测，结果为阴性的。

4.5.3 实验室检测应当出具相应的检测报告。

5. 检疫合格标准

5.1 该养殖场未发生相关水生动物疫情。

5.2 申报材料符合动物检疫规程规定。

5.3 临床检查健康。

5.4 需要经实验室检测的，检测结果合格。

6. 检疫结果处理

6.1 经检疫合格的，出具动物检疫证明。

6.2 经检疫不合格的，出具检疫处理通知单，并按照有关规定处理。

6.2.1 发现不明原因死亡，或诊断为本规程规定检疫的疫病，应按照《中华人民共和国动物防疫法》、《重大动物疫情应急条例》和农业农村部相关规定处理。

6.2.2 病死水生贝壳类应按照《病死水生动物及病害水生动物

产品无害化处理规范》（SC/T7015-2022）和农业农村部相关规定进行无害化处理，费用由货主承担。

7. 检疫记录

7.1 检疫申报单、申报处理结果、检疫申报受理单、检疫合格证明、检疫处理通知单、检疫记录等文书应保存24个月以上。

7.2 电子记录与纸质记录具有同等效力。

十五、生猪屠宰检疫规程

1. 适用范围

本规程规定了生猪屠宰检疫的检疫范围及对象、检疫合格标准、检疫申报、宰前检查、同步检疫、检疫结果处理和检疫记录。

本规程适用于中华人民共和国境内生猪的屠宰检疫。

2. 检疫范围及对象

2.1 检疫范围

《国家畜禽遗传资源目录》规定的猪。

2.2 检疫对象

口蹄疫、非洲猪瘟、猪瘟、猪繁殖与呼吸综合征、炭疽、猪丹毒、囊尾蚴病、旋毛虫病。

3. 检疫合格标准

3.1 进入屠宰加工场所时，具备有效的动物检疫证明，畜禽标识符合国家规定。

3.2 申报材料符合本规程规定。

3.3 待宰生猪临床检查健康。

3.4 同步检疫合格。

3.5 需要进行实验室疫病检测的，检测结果合格。

4. 检疫申报

4.1 申报检疫。货主应当在屠宰前6小时向所在地动物卫生监督机构申报检疫，急宰的可以随时申报。申报检疫应当提供以下材料：

4.1.1 检疫申报单。

4.1.2 生猪入场时附有的动物检疫证明。

4.1.3 生猪入场查验登记、待宰巡查等记录。

4.2 申报受理。动物卫生监督机构接到检疫申报后，应当及时对申报材料进行审查。材料齐全的，予以受理，由派驻（出）的官方兽医实施检疫；不予受理的，应当说明理由。

4.3 回收检疫证明。官方兽医应当回收生猪入场时附有的动物检疫证明，并将有关信息上传至动物检疫管理信息化系统。

5. 宰前检查

5.1 现场核查申报材料与待宰生猪信息是否相符。

5.2 按照《生猪产地检疫规程》中"临床检查"内容实施检查。

5.3 结果处理

5.3.1 合格的，准予屠宰。

5.3.2 不合格的，由官方兽医出具检疫处理通知单，按下列规定处理。

5.3.2.1 发现染疫或者疑似染疫的，应及时向农业农村部门或者动物疫病预防控制机构报告，并由货主采取隔离等控制措施。

5.3.2.2 发现病死猪的，按照《病死畜禽和病害畜禽产品无害化处理管理办法》等规定处理。

5.3.2.3 现场核查待宰生猪信息与申报材料或入场时附有的动物检疫证明不符，涉嫌违反有关法律法规的，向农业农村部门报告。

5.3.3 确认为无碍于肉食安全且濒临死亡的生猪，可以急宰。

6. 同步检疫

与屠宰操作相对应，对同一头猪的胴体及脏器、蹄、头等统一编号进行检疫。

6.1 体表及头蹄检查

6.1.1 视检体表的完整性、颜色，检查有无本规程规定疫病引起的皮肤病变、关节肿大等。

6.1.2 观察吻突、齿龈和蹄部有无水疱、溃疡、烂斑等。

6.1.3 放血后脱毛前，沿放血孔纵向切开下颌区，直到舌骨体，剖开两侧下颌淋巴结，检查有无肿大、水肿和胶样浸润，切面是否呈砖红色，有无坏死灶（紫、黑、黄）等。

6.1.4 剖检两侧咬肌，充分暴露剖面，检查有无囊尾蚴。

6.2 内脏检查。取出内脏前，观察胸腔、腹腔有无积液、粘连、纤维素性渗出物。检查脾脏、肠系膜淋巴结有无肠炭疽。取出内脏后，检查心脏、肺脏、肝脏、脾脏、胃肠等。

6.2.1 心脏。视检心包，切开心包膜，检查有无变性、心包积液、纤维素性渗出物、淤血、出血、坏死等病变。在与左纵沟平行的心脏后缘房室分界处纵剖心脏，检查心内膜、心肌有无虎斑心和寄生虫、血液凝固状态、二尖瓣有无菜花样赘生物等。

6.2.2 肺脏。视检肺脏形状、大小、色泽，触检弹性，检查肺实质有无坏死、萎陷、水肿、淤血、实变、结节、纤维素性渗出物等病变。剖开一侧支气管淋巴结，检查有无出血、淤血、肿胀、坏死等。必要时剖检气管、支气管。

6.2.3 肝脏。视检肝脏形状、大小、色泽，触检弹性，检查有无淤血、肿胀、变性、黄染、坏死、硬化、肿物、结节、纤维素性渗出物、寄生虫等病变。剖开肝门淋巴结，检查有无出血、淤血、肿胀、坏死等。必要时剖检胆管。

6.2.4　脾脏。视检形状、大小、色泽，触检弹性，检查有无显著肿胀、淤血、颜色变暗、质地变脆、坏死灶、边缘出血性梗死、被膜隆起及粘连等病变。必要时剖检脾实质。

6.2.5　胃和肠。视检胃肠浆膜，观察形状、色泽，检查有无淤血、出血、坏死、胶冻样渗出物和粘连。对肠系膜淋巴结做长度不少于20cm的切口，检查有无增大、水肿、淤血、出血、坏死等病变。必要时剖检胃肠，检查黏膜有无淤血、出血、水肿、坏死、溃疡。

6.3　胴体检查

6.3.1　整体检查。检查皮肤、皮下组织、脂肪、肌肉、淋巴结、骨骼以及胸腔、腹腔浆膜有无淤血、出血、疹块、脓肿和其他异常等。

6.3.2　淋巴结检查。剖开两侧腹股沟浅淋巴结，检查有无淤血、肿大、出血、坏死、增生等病变。必要时剖检腹股沟深淋巴结、髂内淋巴结。

6.3.3　腰肌。腰肌检查异常时，沿荐椎与腰椎结合部两侧肌纤维方向切开10cm左右切口，检查有无囊尾蚴。

6.3.4　肾脏。剥离两侧肾被膜，视检肾脏形状、大小、色泽，触检质地，检查有无贫血、出血、淤血、肿胀等病变。必要时纵向剖检肾脏，检查切面皮质、髓质部有无颜色变化、出血及隆起等。

6.4　旋毛虫检查。取左右膈脚各30g左右，与胴体编号一致，撕去肌膜，感官检查有异常的进行镜检。

6.5　复检。必要时，官方兽医对上述检疫情况进行复检，综合判定检疫结果。

6.6　官方兽医在同步检疫过程中应当做好卫生安全防护。

7. 检疫结果处理

7.1　生猪屠宰加工场所非洲猪瘟实验室检测结果阴性，同步检疫合格的，由官方兽医按照检疫申报批次，对生猪的胴体及生皮、原毛、脏器、血液、蹄、头出具动物检疫证明，加盖检疫验讫印章或者加施其他检疫标志。

7.2 生猪屠宰加工场所非洲猪瘟实验室检测结果阳性的，应当立即向农业农村部门或者动物疫病预防控制机构报告，并按照《非洲猪瘟疫情应急实施方案》采取相应措施。

7.3 同步检疫怀疑患有动物疫病的，由官方兽医出具检疫处理通知单，并按5.3.2.1处理。

8. 检疫记录

8.1 官方兽医应当做好检疫申报、宰前检查、同步检疫、检疫结果处理等环节记录。

8.2 检疫申报单和检疫工作记录保存期限不得少于12个月。

8.3 电子记录与纸质记录具有同等效力。

十六、牛屠宰检疫规程

1. 适用范围

本规程规定了牛屠宰检疫的检疫范围及对象、检疫合格标准、检疫申报、宰前检查、同步检疫、检疫结果处理和检疫记录。

本规程适用于中华人民共和国境内牛的屠宰检疫。

2. 检疫范围及对象

2.1 检疫范围

《国家畜禽遗传资源目录》规定的牛。

2.2 检疫对象

口蹄疫、布鲁氏菌病、炭疽、牛结核病、牛传染性鼻气管炎（传染性脓疱外阴阴道炎）、牛结节性皮肤病、日本血吸虫病。

3. 检疫合格标准

3.1 进入屠宰加工场所时，具备有效的动物检疫证明，畜禽标识符合国家规定。

3.2 申报材料符合本规程规定。

3.3 待宰牛临床检查健康。

3.4 同步检疫合格。

3.5 需要进行实验室疫病检测的，检测结果合格。

4. 检疫申报

4.1 申报检疫。货主应当在屠宰前6小时向所在地动物卫生监督机构申报检疫，急宰的可以随时申报。申报检疫应当提供以下材料：

4.1.1 检疫申报单。

4.1.2 牛入场时附有的动物检疫证明。

4.1.3 牛入场查验登记、待宰巡查等记录。

4.2 申报受理。动物卫生监督机构接到检疫申报后，应当及时对申报材料进行审查。材料齐全的，予以受理，由派驻（出）的官方兽医实施检疫；不予受理的，应当说明理由。

4.3 回收检疫证明。官方兽医应当回收牛入场时附有的动物检疫证明，并将有关信息上传至动物检疫管理信息化系统。

5. 宰前检查

5.1 现场核查申报材料与待宰牛信息是否相符。

5.2 按照《反刍动物产地检疫规程》中"临床检查"内容实施检查。

5.3 结果处理

5.3.1 合格的，准予屠宰。

5.3.2 不合格的，由官方兽医出具检疫处理通知单，按下列规定处理。

5.3.2.1 发现染疫或者疑似染疫的，向农业农村部门或者动物疫病预防控制机构报告，并由货主采取隔离等控制措施。

5.3.2.2 发现病死牛的，按照《病死畜禽和病害畜禽产品无害化处理管理办法》等规定处理。

5.3.2.3 现场核查待宰牛信息与申报材料或入场时附有的动物检疫证明不符，涉嫌违反有关法律法规的，向农业农村部门报告。

5.3.3 确认为无碍于肉食安全且濒临死亡的牛，可以急宰。

6. 同步检疫

与屠宰操作相对应，对同一头牛的胴体及脏器、蹄、头等统一编号进行检疫。

6.1 头蹄部检查

6.1.1 头部检查。检查鼻唇镜、齿龈及舌面有无水疱、溃疡、烂斑等；剖检一侧咽后内侧淋巴结和两侧下颌淋巴结，检查咽喉黏膜和扁桃体有无病变。

6.1.2 蹄部检查。检查蹄冠、蹄叉皮肤有无水疱、溃疡、烂斑、结痂等。

6.2 内脏检查

取出内脏前，观察胸腔、腹腔有无积液、粘连、纤维素性渗出物。检查心脏、肺脏、肝脏、胃肠、脾脏、肾脏，剖检肠系膜淋巴结、支气管淋巴结、肝门淋巴结，检查有无病变和其他异常。

6.2.1 心脏。检查心脏的形状、大小、色泽及有无淤血、出血、肿胀等。必要时剖开心包，检查心包膜、心包液和心肌有无异常。

6.2.2 肺脏。检查两侧肺叶实质、色泽、形状、大小及有无淤血、出血、水肿、化脓、实变、结节、粘连、寄生虫等。剖检一侧支气管淋巴结，检查切面有无淤血、出血、水肿等。必要时剖开气管、结节部位。

6.2.3 肝脏。检查肝脏大小、色泽，触检弹性和硬度，剖开肝门淋巴结，检查有无出血、淤血、肿大、坏死灶等。必要时剖开肝实质、胆囊和胆管，检查有无硬化、萎缩、日本血吸虫等。

6.2.4 肾脏。检查弹性和硬度及有无出血、淤血等。必要时剖开肾实质，检查皮质、髓质和肾盂有无出血、肿大等。

6.2.5 脾脏。检查弹性、颜色、大小等。必要时剖检脾实质。

6.2.6 胃和肠。检查肠祥、肠浆膜，剖开肠系膜淋巴结，检查形状、色泽及有无肿胀、淤血、出血、粘连、结节等。必要时剖开胃肠，检查内容物、黏膜及有无出血、结节、寄生虫等。

6.2.7 子宫和睾丸。检查母牛子宫浆膜有无出血、黏膜有无黄白色或干酪样结节。检查公牛睾丸有无肿大，睾丸、附睾有无化脓、坏死灶等。

6.3 胴体检查

6.3.1 整体检查。检查皮下组织、脂肪、肌肉、淋巴结以及胸腔、腹腔浆膜有无淤血、出血、疹块、脓肿、结节和其他异常等。

6.3.2 淋巴结检查

6.3.2.1 颈浅淋巴结（肩前淋巴结）在肩关节前稍上方剖开臂头肌、肩胛横突肌下的一侧颈浅淋巴结，检查切面形状、色泽及有无肿胀、淤血、出血、坏死灶等。

6.3.2.2 髂下淋巴结（股前淋巴结、膝上淋巴结）剖开一侧淋巴结，检查切面形状、色泽、大小及有无肿胀、淤血、出血、坏死灶等。

6.3.2.3 必要时剖检腹股沟深淋巴结。

6.4 复检。必要时，官方兽医对上述检疫情况进行复检，综合判定检疫结果。

6.5 官方兽医在同步检疫过程中应当做好卫生安全防护。

7. 检疫结果处理

7.1 同步检疫合格的，由官方兽医按照检疫申报批次，对牛的胴体及生皮、原毛、脏器、血液、蹄、头、角出具动物检疫证明，加盖检疫验讫印章或者加施其他检疫标志。

7.2 同步检疫怀疑患有动物疫病的，由官方兽医出具检疫处理通知单，并按5.3.2.1处理。

8. 检疫记录

8.1 官方兽医应当做好检疫申报、宰前检查、同步检疫、检疫结果处理等环节记录。

8.2 检疫申报单和检疫工作记录保存期限不得少于12个月。

8.3 电子记录与纸质记录具有同等效力。

十七、羊屠宰检疫规程

1. 适用范围

本规程规定了羊屠宰检疫的检疫范围及对象、检疫合格标准、检疫申报、宰前检查、同步检疫、检疫结果处理和检疫记录。

本规程适用于中华人民共和国境内羊的屠宰检疫。

2. 检疫范围及对象

2.1 检疫范围

《国家畜禽遗传资源目录》规定的羊。

2.2 检疫对象

口蹄疫、小反刍兽疫、炭疽、布鲁氏菌病、蓝舌病、绵羊痘和山羊痘、山羊传染性胸膜肺炎、棘球蚴病、片形吸虫病。

3. 检疫合格标准

3.1 进入屠宰加工场所时，具备有效的动物检疫证明，畜禽标识符合国家规定。

3.2 申报材料符合本规程规定。

3.3 待宰羊临床检查健康。

3.4 同步检疫合格。

3.5 需要进行实验室疫病检测的，检测结果合格。

4. 检疫申报

4.1 申报检疫。货主应当在屠宰前6小时向所在地动物卫生监督机构申报检疫，急宰的可以随时申报。申报检疫应当提供以下材料：

4.1.1 检疫申报单。

4.1.2 羊入场时附有的动物检疫证明。

4.1.3 羊入场查验登记、待宰巡查等记录。

4.2 申报受理。动物卫生监督机构接到检疫申报后，应当及时对申报材料进行审查。材料齐全的，予以受理，由派驻（出）的官方兽医实施检疫；不予受理的，应当说明理由。

4.3 回收检疫证明。官方兽医应当回收羊入场时附有的动物检疫证明，并将有关信息上传至动物检疫管理信息化系统。

5. 宰前检查

5.1 现场核查申报材料与待宰羊信息是否相符。

5.2 按照《反刍动物产地检疫规程》中"临床检查"内容实施检查。

5.3 结果处理

5.3.1 合格的，准予屠宰。

5.3.2 不合格的，由官方兽医出具检疫处理通知单，按下列规定处理。

5.3.2.1 发现染疫或者疑似染疫的，向农业农村部门或者动物疫病预防控制机构报告，并由货主采取隔离等控制措施。

5.3.2.2 发现病死羊的，按照《病死畜禽和病害畜禽产品无害化处理管理办法》等规定处理。

5.3.2.3 现场核查待宰羊信息与申报材料或入场时附有的动物检疫证明不符，涉嫌违反有关法律法规的，向农业农村部门报告。

5.3.3 确认为无碍于肉食安全且濒临死亡的羊，可以急宰。

6. 同步检疫

与屠宰操作相对应，对同一羊的胴体及脏器、蹄、头等统一编号进行检疫。

6.1 头蹄部检查

6.1.1 头部检查。检查鼻镜、齿龈、口腔黏膜、舌及舌面有无水疱、溃疡、烂斑、坏死、充血、出血、发绀等。必要时剖开下颌淋巴结，检查有无肿胀、淤血、出血、坏死灶等。

6.1.2 蹄部检查。检查蹄冠、蹄叉皮肤有无水疱、溃疡、烂斑、结痂等。

6.2 内脏检查。取出内脏前，观察胸腔、腹腔有无积液、粘连、纤维素性渗出物。检查心脏、肺脏、肝脏、胃肠、脾脏、肾脏，剖检支气管淋巴结、肝门淋巴结、肠系膜淋巴结等，检查有无病变和其他异常。

6.2.1 心脏。检查心脏的形状、大小、色泽及有无淤血、出血等。必要时剖开心包，检查心包膜、心包液和心肌有无异常。

6.2.2 肺脏。检查两侧肺叶实质、色泽、形状、大小及有无淤血、出血、水肿、化脓、实变、粘连、纤维素性渗出、包囊砂、寄生虫等。剖开一侧支气管淋巴结，检查切面有无淤血、出血、水肿等。

6.2.3 肝脏。检查肝脏大小、色泽、弹性、硬度及有无大小不一的突起。剖开肝门淋巴结，切开胆管，检查有无寄生虫等。必要时剖开肝实质，检查有无肿大、出血、淤血、坏死灶、硬化、萎缩等。

6.2.4 肾脏。剥离两侧肾被膜，检查弹性、硬度及有无贫血、出血、淤血等。必要时剖检肾脏。

6.2.5 脾脏。检查弹性、颜色、大小等。必要时剖检脾实质。

6.2.6 胃和肠。检查浆膜面及肠系膜有无淤血、出血、粘连等。剖开肠系膜淋巴结，检查有无肿胀、淤血、出血、坏死等。必要时剖开胃肠，检查有无淤血、出血、胶样浸润、糜烂、溃疡、化脓、结节、寄生虫等，检查瘤胃肉柱表面有无水疱、糜烂或溃疡等。

6.2.7 子宫和睾丸。检查母羊子宫浆膜有无出血、炎症。检查公羊睾丸有无肿大，睾丸、附睾有无化脓、坏死灶等。

6.3 胴体检查

6.3.1 整体检查。检查皮下组织、脂肪、肌肉、淋巴结以及胸腔、腹腔浆膜有无淤血、出血以及疹块、脓肿和其他异常等。

6.3.2 淋巴结检查

6.3.2.1 颈浅淋巴结（肩前淋巴结）。在肩关节前稍上方剖开臂头肌、肩胛横突肌下的一侧颈浅淋巴结，检查有无肿胀、淤血、出血、坏死灶等。

6.3.2.2 髂下淋巴结（股前淋巴结、膝上淋巴结）。剖开一侧淋巴结，检查有无肿胀、淤血、出血、坏死灶等。

6.3.2.3 必要时检查腹股沟深淋巴结。

6.4 复检。必要时，官方兽医对上述检疫情况进行复检，综合判定检疫结果。

6.5 官方兽医在同步检疫过程中应当做好卫生安全防护。

7. 检疫结果处理

7.1 同步检疫合格的，由官方兽医按照检疫申报批次，对羊的胴体及生皮、原毛、脏器、血液、蹄、头、角出具动物检疫证明，加盖检疫验讫印章或者加施其他检疫标志。

7.2 同步检疫怀疑患有动物疫病的，由官方兽医出具检疫处理通知单，并按5.3.2.1处理。

8. 检疫记录

8.1 官方兽医应当做好检疫申报、宰前检查、同步检疫、检疫结果处理等环节记录。

8.2 检疫申报单和检疫工作记录保存期限不得少于12个月。

8.3 电子记录与纸质记录具有同等效力。

十八、家禽屠宰检疫规程

1. 适用范围

本规程规定了家禽屠宰检疫的检疫范围及对象、检疫合格标准、检疫申报、宰前检查、同步检疫、检疫结果处理和检疫记录。

本规程适用于中华人民共和国境内家禽的屠宰检疫。

2. 检疫范围及对象

2.1 检疫范围

《国家畜禽遗传资源目录》规定的家禽。

2.2 检疫对象

高致病性禽流感、新城疫、鸭瘟、马立克病、禽痘、鸡球虫病。

3. 检疫合格标准

3.1 进入屠宰加工场所时，具备有效的动物检疫证明。

3.2 申报材料符合本规程规定。

3.3 待宰家禽临床检查健康。

3.4 同步检疫合格。

3.5 需要进行实验室疫病检测的，检测结果合格。

4. 检疫申报

4.1 申报检疫。货主应当在屠宰前6小时向所在地动物卫生监督机构申报检疫，急宰的可以随时申报。申报检疫应当提供以下材料：

4.1.1 检疫申报单。

4.1.2 家禽入场时附有的动物检疫证明。

4.1.3 家禽入场查验登记、待宰巡查等记录。

4.2 申报受理。动物卫生监督机构接到检疫申报后，应当及时对申报材料进行审查。材料齐全的，予以受理，由派驻（出）的官方兽医实施检疫；不予受理的，应当说明理由。

4.3 回收检疫证明。官方兽医应当回收家禽入场时附有的动物检疫证明，并将有关信息上传至动物检疫管理信息化系统。

5. 宰前检查

5.1 现场核查申报材料与待宰家禽信息是否相符。

5.2 按照《家禽产地检疫规程》中"临床检查"内容实施检查。其中，个体检查的对象包括群体检查时发现的异常家禽和随机抽取的家禽（每车抽60—100只）。

5.3 结果处理

5.3.1 合格的，准予屠宰。

5.3.2 不合格的，由官方兽医出具检疫处理通知单，按下列规定处理。

5.3.2.1 发现染疫或者疑似染疫的，向农业农村部门或者动物疫病预防控制机构报告，并由货主采取隔离等控制措施。

5.3.2.2 发现病死家禽的，按照《病死畜禽和病害畜禽产品无害化处理管理办法》等规定处理。

5.3.2.3 现场核查待宰家禽信息与申报材料或入场时附有的动物检疫证明不符，涉嫌违反有关法律法规的，向农业农村部门报告。

5.3.3 确认为无碍于肉食安全且濒临死亡的家禽，可以急宰。

6. 同步检疫

6.1 屠体检查

6.1.1 体表。检查色泽、气味、光洁度、完整性及有无水肿、痘疮、化脓、外伤、溃疡、坏死灶、肿物等。

6.1.2 冠和髯。检查有无出血、发绀、水肿、结痂、溃疡及形态有无异常等。

6.1.3 眼。检查眼睑有无出血、水肿、结痂，眼球是否下陷等。

6.1.4 爪。检查有无出血、淤血、增生、肿物、溃疡及结痂等。

6.1.5 肛门。检查有无紧缩、淤血、出血等。

6.2 抽检。日屠宰量在1万只以上（含1万只）的，按照1%的比例抽样检查；日屠宰量在1万只以下的抽检60只。抽检发现异常情况的，应当适当扩大抽检比例和数量。

6.2.1 皮下。检查有无出血点、炎性渗出物等。

6.2.2 肌肉。检查颜色是否正常，有无出血、淤血、结节等。

6.2.3 鼻腔。检查有无淤血、肿胀和异常分泌物等。

6.2.4 口腔。检查有无淤血、出血、溃疡及炎性渗出物等。

6.2.5 喉头和气管。检查有无水肿、淤血、出血、糜烂、溃疡和异常分泌物等。

6.2.6 气囊。检查囊壁有无增厚浑浊、纤维素性渗出物、结节等。

6.2.7 肺脏。检查有无颜色异常、结节等。

6.2.8 肾脏。检查有无肿大、出血、苍白、结节等。

6.2.9 腺胃和肌胃。检查浆膜面有无异常。剖开腺胃，检查腺胃黏膜和乳头有无肿大、淤血、出血、坏死灶和溃疡等；切开肌胃，剥离角质膜，检查肌层内表面有无出血、溃疡等。

6.2.10 肠道。检查浆膜有无异常。剖开肠道，检查小肠黏膜有无淤血、出血等，检查盲肠黏膜有无枣核状坏死灶、溃疡等。

6.2.11 肝脏和胆囊。检查肝脏形状、大小、色泽及有无出血、坏死灶、结节、肿物等。检查胆囊有无肿大等。

6.2.12 脾脏。检查形状、大小、色泽及有无出血和坏死灶、灰白色或灰黄色结节等。

6.2.13 心脏。检查心包和心外膜有无炎症变化等，心冠状沟脂肪、心外膜有无出血点、坏死灶、结节等。

6.2.14 法氏囊（腔上囊）。检查有无出血、肿大等。剖检有无出血、干酪样坏死等。

6.2.15 体腔。检查内部清洁程度和完整度，有无赘生物、寄生虫等。检查体腔内壁有无凝血块、粪便和胆汁污染，以及其他异常等。

6.3 复检。必要时，官方兽医对上述检疫情况进行复检，综合判定检疫结果。

6.4 官方兽医在同步检疫过程中应当做好卫生安全防护。

7. 检疫结果处理

7.1 同步检疫合格的，由官方兽医按照检疫申报批次，对家禽的胴体及原毛、绒、脏器、血液、爪、头出具动物检疫证明，加盖检疫验讫印章或者加施其他检疫标志。

7.2 同步检疫怀疑患有动物疫病的，由官方兽医出具检疫处理通知单，并按5.3.2.1处理。

8. 检疫记录

8.1 官方兽医应当做好检疫申报、宰前检查、同步检疫、检疫结果处理等环节记录。

8.2 检疫申报单和检疫工作记录保存期限不得少于12个月。

8.3 电子记录与纸质记录具有同等效力。

十九、兔屠宰检疫规程

1. 适用范围

本规程规定了兔屠宰检疫的检疫范围及对象、检疫合格标准、检疫申报、宰前检查、同步检疫、检疫结果处理和检疫记录。

本规程适用于中华人民共和国境内兔的屠宰检疫。

2. 检疫范围及对象

2.1 检疫范围

《国家畜禽遗传资源目录》规定的兔。

2.2 检疫对象

兔出血症、兔球虫病。

3. 检疫合格标准

3.1 进入屠宰加工场所时，具备有效的动物检疫证明。

3.2 申报材料符合本规程规定。

3.3 待宰兔临床检查健康。

3.4 同步检疫合格。

3.5 需要进行实验室疫病检测的，检测结果合格。

4. 检疫申报

4.1 申报检疫。货主应当在屠宰前6小时向所在地动物卫生监督机构申报检疫，急宰的可以随时申报。申报检疫应当提供以下材料：

4.1.1 检疫申报单。

4.1.2 兔入场时附有的动物检疫证明。

4.1.3 兔入场查验登记、待宰巡查等记录。

4.2 申报受理。动物卫生监督机构接到检疫申报后，应当及时对申报材料进行审查。材料齐全的，予以受理，由派驻（出）的官方兽医实施检疫；不予受理的，应当说明理由。

4.3 回收检疫证明。官方兽医应当回收兔入场时附有的动物检疫证明，并将有关信息上传至动物检疫管理信息化系统。

5．宰前检查

5.1 现场核查申报材料与待宰兔信息是否相符。

5.2 按照《兔产地检疫规程》中"临床检查"内容实施检查。其中，个体检查的对象包括群体检查时发现异常的兔和随机抽取的兔（每车抽60—100只）。

5.3 结果处理

5.3.1 合格的，准予屠宰。

5.3.2 不合格的，由官方兽医出具检疫处理通知单，按下列规定处理。

5.3.2.1 发现染疫或者疑似染疫的，向农业农村部门或者动物疫病预防控制机构报告，并由货主采取隔离等控制措施。

5.3.2.2 发现病死兔的，按照《病死畜禽和病害畜禽产品无害化处理管理办法》等规定处理。

5.3.2.3 现场核查待宰兔信息与申报材料或入场时附有的动物检疫证明不符，涉嫌违反有关法律法规的，应及时向农业农村部门报告。

5.3.3 确认为无碍于肉食安全且濒临死亡的兔，可以急宰。

6．同步检疫

6.1 抽检。日屠宰量在1万只以上（含1万只）的，按照1%的比例抽样检查，日屠宰量在1万只以下的抽检60只。抽检发现异常情况的，应当适当扩大抽检比例和数量。

6.1.1 肾脏检查。检查肾脏有无肿大、淤血，皮质有无出血点等情况。

6.1.2 肝脏检查。检查肝脏有无肿大、变性、颜色变浅(淡黄色、土黄色)、淤血、出血、体积缩小、质地变硬；检查肝表面与实质内有无灰白色或淡黄色的结节性病灶；胆管周围和肝小叶间结缔组织是否增生等情况。

6.1.3 心肺及支气管检查。检查心脏和肺脏有无淤血、水肿或出血斑点；气管黏膜处有无可见淤血或弥漫性出血，并有泡沫状血色分泌物等情况。

6.1.4 肠道检查。检查十二指肠肠壁有无增厚、内腔扩张和黏膜炎症；小肠内有无充满气体和大量微红色黏液；肠黏膜有无肿胀、充血、出血、结节等情况。

6.2 复检。必要时，官方兽医对上述检疫情况进行复检，综合判定检疫结果。

6.3 官方兽医在同步检疫过程中应当做好卫生安全防护。

7. 检疫结果处理

7.1 同步检疫合格的，由官方兽医按照检疫申报批次，对兔的胴体及生皮、原毛、绒、脏器、血液、头出具动物检疫证明，加盖检疫验讫印章或者加施其他检疫标志。

7.2 同步检疫不合格的，由官方兽医出具检疫处理通知单，并按5.3.2.1处理。

8. 检疫记录

8.1 官方兽医应当做好检疫申报、宰前检查、同步检疫、检疫结果处理等环节记录。

8.2 检疫申报单和检疫工作记录保存期限不得少于12个月。

8.3 电子记录与纸质记录具有同等效力。

二十、马属动物屠宰检疫规程

1. 适用范围

本规程规定了马属动物屠宰检疫的检疫范围及对象、检疫合格标准、检疫申报、宰前检查、同步检疫、检疫结果处理和检疫记录。

本规程适用于中华人民共和国境内马属动物的屠宰检疫。

2. 检疫范围及对象

2.1 检疫范围

2.1.1 《国家畜禽遗传资源目录》规定的马、驴。

2.1.2 骡。

2.2 检疫对象

马传染性贫血、马鼻疽、马流感、马腺疫。

3. 检疫合格标准

3.1 进入屠宰加工场所时，具备有效的动物检疫证明。

3.2 申报材料符合本规程规定。

3.3 待宰马属动物临床检查健康。

3.4 同步检疫合格。

3.5 需要进行实验室疫病检测的，检测结果合格。

4. 检疫申报

4.1 申报检疫。货主应当在屠宰前6小时向所在地动物卫生监督机构申报检疫，急宰的可以随时申报。申报检疫应当提供以下材料：

4.1.1 检疫申报单。

4.1.2 马属动物入场时附有的动物检疫证明。

4.1.3 马属动物入场查验登记、待宰巡查等记录。

4.2 申报受理。动物卫生监督机构接到检疫申报后，应当及时对申报材料进行审查。材料齐全的，予以受理，由派驻（出）的官方兽医实施检疫；不予受理的，应当说明理由。

4.3 回收检疫证明。官方兽医应当回收马属动物入场时附有的动物检疫证明，并将有关信息上传至动物检疫管理信息化系统。

5. 宰前检查

5.1 现场核查申报材料与待宰马属动物信息是否相符。

5.2 按照《马属动物产地检疫规程》中"临床检查"内容实施检查。

5.3 结果处理

5.3.1 合格的，准予屠宰。

5.3.2 不合格的，由官方兽医出具检疫处理通知单，按下列规定处理。

5.3.2.1 发现染疫或者疑似染疫的，应及时向农业农村部门或者动物疫病预防控制机构报告，并由货主采取隔离等控制措施。

5.3.2.2 发现病死动物的，按照《病死畜禽和病害畜禽产品无害化处理管理办法》等规定处理。

5.3.2.3 现场核查待宰动物信息与申报材料或入场时附有的动物检疫证明不符，涉嫌违反有关法律法规的，向农业农村部门报告。

5.3.3 确认为无碍于肉食安全且濒临死亡的马属动物，可以急宰。

6. 同步检疫

与屠宰操作相对应，对同一匹马属动物的胴体及脏器、蹄、头等统一编号进行检疫。

6.1 体表检查。检查体表色泽、完整性，检查有无本规程规定马属动物疫病的皮肤结节、溃疡、水肿等病变。

6.2 头部检查。检查眼结膜、口腔黏膜、咽喉黏膜等可视黏膜，观察有无贫血、黄染、出血、结节、脓性分泌物等异常变化。检查鼻腔黏膜及鼻中隔有无结节、溃疡、穿孔或瘢痕。剖检两侧下颌淋巴结，检查有无肿大、淤血、充血、化脓等。

6.3 内脏检查。取出内脏前，观察胸腔、腹腔有无积液、粘连、纤维素性渗出物。检查心脏、肺脏、肝脏、胃肠、脾脏、肾脏，剖检肠系膜淋巴结、支气管（纵膈）淋巴结、肝门淋巴结，检查有无病变和其他异常。

6.3.1 心脏。检查心脏的形状、大小、色泽及有无实质性变、淤血、出血、水肿、结节、化脓灶等。必要时剖开心包和心脏，检查心包膜、心包液和心肌有无积液、变性、色淡、出血、淤血、化脓灶等异常。

6.3.2 肺脏。检查两侧肺叶实质、色泽、形状、大小及有无淤血、出血、水肿、化脓、坏疽、结节、粘连、寄生虫等。视检或剖检支气管（纵膈）淋巴结，检查切面有无淤血、出血、水肿、化脓、坏死等。必要时剖检肺实质和支气管，检查有无化脓、渗出物、充血、糜烂、钙化或干酪化结节等。

6.3.3 肝脏。检查肝脏大小、色泽，触检弹性和硬度，检查有无出血、淤血、肿大或实质变性、结节、化脓灶、坏死灶等。必要时剖开肝门淋巴结、肝实质、胆囊和胆管，检查有无淤血、水肿、变性、黄染、坏死、硬化以及肿瘤、结节、寄生虫、囊泡等病变。

6.3.4 肾脏。检查弹性和硬度及有无肿大、出血、淤血、实质性变、化脓灶等。必要时剖开肾实质，检查皮质、髓质和肾盂有无出血、肿大、颜色灰黄等。

6.3.5 脾脏。检查弹性、颜色、大小等。必要时剖检脾实质，检查切面是否呈颗粒状。

6.3.6 胃和肠。检查胃肠浆膜，检查有无淤血、出血、坏死、胶冻样渗出物和粘连。剖开肠系膜淋巴结，检查有无肿胀、淤血、出血、化脓灶、坏死等。必要时剖开胃肠，检查内容物、黏膜等有无出血、淤血、水肿、坏死、溃疡、结节、寄生虫等。

6.4 胴体检查

6.4.1 整体检查。检查皮下组织、脂肪、肌肉、淋巴结以及胸腔、腹腔浆膜有无淤血、出血、疹块、脓肿、黄染和其他异常等。

6.4.2 淋巴结检查。剖检颈浅淋巴结（肩前淋巴结）、股前淋巴结、腹股沟浅淋巴结、腹股沟深（髂内）淋巴结，必要时剖检颈深淋巴结和腘淋巴结，检查切面形状、色泽、大小及有无肿胀、淤血、出血、化脓灶、坏死灶等。

6.5 复检。必要时，官方兽医对上述检疫情况进行复检，综合判定检疫结果。

6.6 官方兽医在同步检疫过程中应当做好卫生安全防护。

7. 检疫结果处理

7.1 同步检疫合格的，由官方兽医按照检疫申报批次，对马属动物的胴体及生皮、脏器、血液、蹄、头出具动物检疫证明，加盖检疫验讫印章或者加施其他检疫标志。

7.2 同步检疫不合格的，由官方兽医出具检疫处理通知单，并按5.3.2.1规定处理。

8. 检疫记录

8.1 官方兽医应当做好检疫申报、宰前检查、同步检疫、检疫结果处理等环节记录。

8.2 检疫申报单和检疫记录保存期限不得少于12个月。

8.3 电子记录与纸质记录具有同等效力。

二十一、鹿屠宰检疫规程

1. 适用范围

本规程规定了鹿屠宰检疫的检疫范围及对象、检疫合格标准、检疫申报、宰前检查、同步检疫、检疫结果处理和检疫记录。

本规程适用于中华人民共和国境内鹿的屠宰检疫。

2. 检疫范围及对象

2.1 检疫范围

《国家畜禽遗传资源目录》规定的鹿。

2.2 检疫对象

口蹄疫、炭疽、布鲁氏菌病、牛结核病、棘球蚴病、片形吸虫病。

3. 检疫合格标准

3.1 进入屠宰加工场所时，具备有效的动物检疫证明。

3.2 申报材料符合本规程规定。

3.3 待宰鹿临床检查健康。

3.4 同步检疫合格。

3.5 需要进行实验室疫病检测的，检测结果合格。

4. 检疫申报

4.1 申报检疫。货主应当在屠宰前6小时向所在地动物卫生监督机构申报检疫，急宰的可以随时申报。申报检疫应当提供以下材料：

4.1.1 检疫申报单。

4.1.2 鹿入场时附有的动物检疫证明。

4.1.3 鹿入场查验登记、待宰巡查等记录。

4.2 申报受理。动物卫生监督机构接到检疫申报后，应当及时对申报材料进行审查。材料齐全的，予以受理，由派驻（出）的官方兽医实施检疫；不予受理的，应当说明理由。

4.3 回收检疫证明。官方兽医应当回收鹿入场时附有的动物检疫证明，并将有关信息上传至动物检疫管理信息化系统。

5. 宰前检查

5.1 现场核查申报材料与待宰鹿信息是否相符。

5.2 按照《反刍动物产地检疫规程》中"临床检查"内容实施检查。

5.3 结果处理

5.3.1 合格的，准予屠宰。

5.3.2 不合格的，由官方兽医出具检疫处理通知单，按下列规定处理。

5.3.2.1 发现染疫或者疑似染疫的，应及时向农业农村部门或者动物疫病预防控制机构报告，并由货主采取隔离等控制措施。

5.3.2.2 发现病死鹿的，按照《病死畜禽和病害畜禽产品无害化处理管理办法》等规定处理。

5.3.2.3 现场核查待宰鹿信息与申报材料或入场时附有的动物检疫证明不符，涉嫌违反有关法律法规的，向农业农村部门报告。

5.3.3 确认为无碍于肉食安全且濒临死亡的鹿，可以急宰。

6. 同步检疫

与屠宰操作相对应，对同一只鹿的胴体及脏器、蹄、头等统一编号进行检疫。

6.1 头蹄部检查

6.1.1 头部检查。检查鼻镜、齿龈、口腔黏膜、舌及舌面有无水疱、溃疡、烂斑等。必要时剖开下颌淋巴结，检查有无肿胀、淤血、出血、坏死灶等。

6.1.2 蹄部检查。检查蹄冠、蹄叉皮肤有无水疱、溃疡、烂斑、结痂等。

6.2 内脏检查。取出内脏前，观察胸腔、腹腔有无积液、粘连、纤维素性渗出物。检查心脏、肺脏、肝脏、胃肠、脾脏、肾脏，剖检支气管淋巴结、肝门淋巴结、肠系膜淋巴结等，检查有无病变和其他异常。

6.2.1 心脏。检查心脏的形状、大小、色泽及有无淤血、出血等。必要时剖开心包，检查心包膜、心包液和心肌有无异常。

6.2.2 肺脏。检查两侧肺叶实质、色泽、形状、大小及有无淤血、出血、水肿、化脓、实变、粘连、结节、空洞、寄生虫等。剖检一侧支气管（肺门）淋巴结，检查切面有无淤血、出血、水肿、结节等。

6.2.3 肝脏。检查肝脏大小、色泽、弹性、硬度及有无大小不一的突起。剖开肝门淋巴结，切开胆管，检查有无寄生虫等。必要时剖开肝实质，检查有无肿大、出血、淤血、坏死灶、结节、硬化、萎缩等。

6.2.4 肾脏。剥离两侧肾被膜（两刀），检查弹性、硬度及有无贫血、出血、淤血、结节等。必要时剖检肾脏。

6.2.5 脾脏。检查弹性、颜色、大小等。必要时剖检脾实质。

6.2.6 胃和肠。检查浆膜面及肠系膜有无淤血、出血、粘连等。剖开肠系膜淋巴结，检查有无肿胀、淤血、出血、坏死等。必要时剖开胃肠，检查有无淤血、出血、胶样浸润、糜烂、溃疡、化脓、结节、寄生虫等，检查瘤胃肉柱表面有无水疱、糜烂或溃疡等。

6.2.7 子宫和睾丸。检查母鹿子宫浆膜、黏膜有无出血、坏死、炎症、结节等。检查公鹿睾丸有无肿大，睾丸、附睾有无化脓、坏死灶等。

6.3 胴体检查

6.3.1 整体检查。检查皮下组织、脂肪、肌肉、淋巴结以及胸腔、腹腔浆膜有无淤血、出血以及疹块、脓肿、结节和其他异常等。

6.3.2 淋巴结检查

6.3.2.1 颈浅淋巴结（肩前淋巴结）。在肩关节前稍上方剖开臂头肌、肩胛横突肌下的一侧颈浅淋巴结，检查有无肿胀、淤血、出血、结节、坏死灶等。

6.3.2.2 髂下淋巴结（股前淋巴结、膝上淋巴结）。剖开一侧淋巴结，检查切面形状、色泽、大小及有无肿胀、淤血、出血、结节、坏死灶等。

6.3.2.3 必要时剖检腹股沟深淋巴结。

6.4 复检。必要时，官方兽医对上述检疫情况进行复检，综合判定检疫结果。

6.5 官方兽医在同步检疫过程中应当做好卫生安全防护。

7. 检疫结果处理

7.1 同步检疫合格的，由官方兽医按照规定对鹿的胴体及生皮、原毛、脏器、血液、蹄、头出具动物检疫证明，加盖检疫验讫印章或者加施其他检疫标志。

7.2 同步检疫不合格的，由官方兽医出具检疫处理通知单，并按5.3.2.1规定处理。

8. 检疫记录

8.1 官方兽医应当做好检疫申报、宰前检查、同步检疫、检疫结果处理等环节记录。

8.2 检疫申报单和检疫工作记录保存期限不得少于12个月。

8.3 电子记录与纸质记录具有同等效力。

二十二、动物和动物产品补检规程

1. 适用范围

本规程规定了动物和动物产品补检的范围及对象、补检合格标准、补检程序、补检结果处理和补检记录。

本规程适用于中华人民共和国境内动物和动物产品的补检。

2. 补检范围及对象

2.1 补检范围

依法应当检疫而未经检疫的动物及其生皮、原毛、绒、角。

2.2 补检对象

动物检疫规程中规定的检疫对象。

3. 补检合格标准

3.1 动物

3.1.1 畜禽标识符合规定。

3.1.2 动物产地检疫规程要求提供的检疫申报材料齐全，符合规定。

3.1.3 临床检查健康。

3.1.4 不符合3.1.1或者3.1.2规定条件的，货主应当于7日内提供本规程规定的实验室疫病检测报告，检测结果合格。

3.2 生皮、原毛、绒、角

3.2.1 经外观检查无腐烂变质。

3.2.2 按照规定进行消毒。

3.2.3 需要实验室检测的，货主应当于7日内提供本规程规定的实验室疫病检测报告，检测结果合格。

4. 补检程序

4.1 启动补检

动物卫生监督机构在接到农业农村部门的补检通知后，确定是否属于检疫范围，属于检疫范围的应当及时指派官方兽医或协检人员到现场核实信息，开展临床健康检查；不予补检的，应当说明理由。

4.2 查验畜禽标识及材料

4.2.1 动物

4.2.1.1 查验畜禽标识加施情况，确认是否按规定加施畜禽标识。

4.2.1.2 按照动物产地检疫规程要求，查验检疫申报单以外，其他检疫申报需要提供的材料是否齐全、符合要求。

4.2.1.3 需要继续运输的，查验运输车辆、承运单位（个人）及车辆驾驶员是否备案。

4.2.1.4 畜禽标不符合规定或者动物产地检疫规程要求提供的检疫申报材料不齐全的，货主应当于7日内提供本规程规定的实验室疫病检测报告，官方兽医或协检人员应当查验实验室疫病检测报告是否符合要求，检测结果是否合格。

4.2.2 生皮、原毛、绒、角

4.2.2.1 查验动物产品消毒记录是否符合要求。

4.2.2.2 查验实验室疫病检测报告是否符合要求，检测结果是否合格。

4.3 现场检查

4.3.1 动物。按照相关动物产地检疫规程中"临床检查"内容实施检查。

4.3.2 动物产品。检查外观是否腐败变质。

4.4 实验室疫病检测种类

4.4.1 动物

4.4.1.1 生猪：非洲猪瘟。

4.4.1.2 反刍动物：口蹄疫、小反刍兽疫、布鲁氏菌病。

4.4.1.3 家禽：高致病性禽流感。

4.4.1.4 马属动物：马传染性贫血、马鼻疽。

4.4.1.5 兔：兔出血症。

4.4.1.6 犬、猫以及水貂等非食用动物：狂犬病免疫抗体。

4.4.1.7 蜜蜂：美洲蜜蜂幼虫腐臭病、欧洲蜜蜂幼虫腐臭病。

4.4.1.8 种用、乳用畜禽：按照《种用乳用家畜产地检疫规程》《种禽产地检疫规程》规定的实验室疫病检测要求实施检测。

4.4.1.9 水产苗种：按照《鱼类产地检疫规程》《甲壳类产地检疫》《贝类产地检疫规程》规定的实验室疫病检测要求实施检测。

4.4.2 生皮、原毛、绒：炭疽。

5. 补检结果处理

5.1 补检合格

5.1.1 动物

补检合格，且运输车辆、承运单位（个人）及车辆驾驶员备案符合要求的，出具动物检疫证明；运输车辆、承运单位（个人）及车辆驾驶员备案不符合要求的，应当及时向农业农村部门报告，由农业农村部门责令改正的，方可出具动物检疫证明。

5.1.2 生皮、原毛、绒、角

补检合格，出具动物检疫证明。

5.2 补检不合格

5.2.1 动物

补检不合格，出具检疫处理通知单，并按照相关动物产地检疫规程的规定处理。

5.2.2 生皮、原毛、绒、角

补检不合格，出具检疫处理通知单，及时向农业农村部门报告，由农业农村部门监督货主对动物产品进行无害化处理。

6. 补检记录

6.1 官方兽医应当及时填写补检工作记录，详细登记补检动物或动物产品的货主姓名、检疫时间、检疫地点、种类、数量及用途、检疫处理、检疫证明编号等。

6.2 检疫工作记录保存期限不得少于12个月。

6.3 电子记录与纸质记录具有同等效力。

参考文献

著作：

1. 刘振湘.动物传染病防治技术:第三版［M］.北京:化学工业出版社,2022:1-277.

2. 陈溥言.兽医传染病学:第六版［M］.北京:中国农业出版社,2015:11-481.

3. 陈溥言.兽医传染病学实验指导［M］.北京:中国农业出版社,2016:1-11.

4. 陆承平.兽医微生物学:第五版［M］.北京:中国农业出版社,2013:7-550.

5. 姚火春.兽医微生物学实验指导:第二版［M］.北京:中国农业出版社,2002:3-110.

6. 杨汉春.动物免疫学［M］.北京:中国农业大学出版社,2020:5-67.

7. 崔治中.兽医免疫学:第二版［M］.北京:中国农业出版社,2015:2-70.

8. 汪明.兽医寄生虫学:第三版［M］.北京:中国农业出版社,2003:6-478.

9. 孔繁瑶.家畜寄生虫学:第二版修订版［M］.北京:中国农业大学出版社,2010:3-488.

10. 文心田.人兽共患疫病学［M］.北京:中国农业大学出版社,2016:2-315.

11．文心田,于恩庶,徐建国,等.当代世界人兽共患病学［M］.成都:四川科学技术出版社,2011:5-1700.

12．金宁一,胡仲明,冯书章.新编人兽共患病学［M］.北京:科学出版社,2007:10-1157.

13．刘秀梵.兽医流行病学:第三版［M］.北京:中国农业出版社,2012:3-350.

14．毕玉霞,方磊涵.动物防疫与检疫技术:第二版［M］.北京:化学工业出版社,2017:1-238.

15．柳增善,任洪林,张守印.动物检疫检验学［M］.北京:科学出版社,2012:1-310.

法律法规、部门规章：

1．中华人民共和国动物防疫法.

2．中华人民共和国畜牧法.

3．生猪屠宰管理条例（中华人民共和国国务院令第742号）.

4．动物检疫管理办法（中华人民共和国农业农村部令2022年第7号）.

5．动物防疫条件审查办法（中华人民共和国农业农村部令2022年第8号）.

6．动物诊疗机构管理办法（中华人民共和国农业农村部令2022年第5号）.

7．执业兽医和乡村兽医管理办法（中华人民共和国农业农村部令2022年第6号）.